Mohammad Ghorbani
Ruhollah Sharifi

Engenharia de corrosão e revestimento de metais

Mohammad Ghorbani
Ruhollah Sharifi

Engenharia de corrosão e revestimento de metais

Uma introdução aos princípios e procedimentos laboratoriais

ScienciaScripts

Imprint

Cover image: www.ingimage.com

This book is a translation from the original published under ISBN 978-620-6-77533-1.

Publisher:
Sciencia Scripts
is a trademark of
Dodo Books Indian Ocean Ltd. and OmniScriptum S.R.L publishing group

120 High Road, East Finchley, London, N2 9ED, United Kingdom
Str. Armeneasca 28/1, office 1, Chisinau MD-2012, Republic of Moldova, Europe
Printed at: see last page
ISBN: 978-620-8-33585-4

Índice

Sobre os autores

O Dr. Mohammad Ghorbani é professor catedrático de ciência e engenharia de materiais na Universidade de Tecnologia Sharif, onde tem sido um membro ativo do corpo docente há mais de 50 anos. Iniciou o seu percurso académico em 1974, obtendo um diploma de bacharelato em metalurgia na Universidade de Tecnologia Sharif. Mais tarde, prosseguiu estudos de pós-graduação no Reino Unido, obtendo um doutoramento em corrosão e proteção de materiais no Instituto de Ciência e Tecnologia da Universidade de Manchester (UMIST). Ao regressar ao Irão em 1991, o Dr. Ghorbani juntou-se ao corpo docente da Universidade de Tecnologia Sharif como professor assistente, contribuindo significativamente para a investigação e o ensino.

Ao longo da sua carreira, o Dr. Ghorbani especializou-se em diversos domínios, incluindo revestimentos metálicos, eletrodeposição, corrosão e proteção de materiais, aspectos mecânicos da corrosão, análise de falhas, revestimento de compósitos, nanomateriais e engenharia de superfícies. A sua experiência estende-se a tópicos avançados como a oxidação electrolítica por plasma e o nanorrevestimento. Leccionou uma vasta gama de cursos ao nível de licenciatura, mestrado e doutoramento, tornando-se uma figura central na formação de muitos especialistas em ciência e engenharia de materiais.

Para além de ensinar, o Dr. Ghorbani assumiu funções de gestão no meio académico, incluindo a de chefe do Departamento de Ciência e Engenharia de Materiais da Universidade de Tecnologia Sharif. A sua dedicação à investigação é evidente em mais de 150 artigos, seis livros, mais de cinco patentes e na supervisão de mais de 100 estudantes de mestrado e 30 de doutoramento ao longo da sua carreira. As suas contribuições não só fizeram avançar o campo académico, como também desempenharam um papel crucial no desenvolvimento da comunidade de ciência dos materiais do Irão, tornando-o um supervisor e investigador respeitado neste domínio.

Informações de contacto - Email: ghorbani@sharif.edu

Ruhollah Sharifi é candidato a doutoramento em Engenharia de Materiais na Universidade de Tecnologia Sharif.

Foi reconhecido pelas suas realizações notáveis como o Investigador de Doutoramento de Destaque na Escola de Ciência e Engenharia de Materiais para o ano académico de 2022-2023. Em 2023, foi-lhe atribuído o prestigiado Prémio Internacional para Jovens Cientistas pela organização Science Father.

Os seus interesses de investigação incluem a corrosão e a proteção de materiais, nanomateriais, materiais compósitos, materiais energéticos, engenharia eletroquímica, engenharia de superfícies e revestimentos, e energias renováveis. Publicou vários artigos de investigação nestes domínios em revistas internacionais de renome. Além disso, foi assistente de ensino em cursos como Princípios de Engenharia de Superfícies, Laboratório de Corrosão Avançada, Laboratório de Novos Métodos de Análise de Materiais e Laboratório de Corrosão e Revestimento de Metais.

Informações de contacto - Email: ruhollah.sharifi@sharif.edu

Prefácio

Nos últimos anos, muitos livros introdutórios de eletroquímica, engenharia de corrosão, revestimentos e engenharia de superfícies tentaram explicar e elaborar os conceitos básicos a avançados de diferentes formas. Além disso, a publicação de livros e artigos sobre estas áreas da ciência acelerou desde a pandemia de COVID-19 em 2019, uma vez que muitas tecnologias desenvolvidas para a deteção do Coronavírus e a sua eliminação das superfícies estavam emaranhadas com estes conceitos.

Todos sabemos que os alunos apreendem as matérias mais fácil e rapidamente quando vêem os diferentes conceitos científicos no laboratório. Este facto também pode ser ainda mais facilitado se eles puderem ver esses conceitos na vida real. Este livro pretende ser uma referência para o laboratório de corrosão e revestimento a nível júnior ou sénior e pode ser ensinado num ou dois semestres. Para este efeito, foi dedicado um capítulo a cada conceito principal, que foi elaborado na parte inicial de cada capítulo e, em seguida, são apresentadas as experiências relacionadas com esse conceito principal. O número de experiências relacionadas com cada conceito pode ser diferente, por exemplo, o Capítulo 1 é composto por 6 experiências diferentes, enquanto os Capítulos 10 e 11 têm apenas uma. Em seguida, após a elaboração dos conceitos, são apresentados o objetivo e o equipamento necessário para a experiência. Por fim, é apresentada uma instrução passo a passo para cada experiência. Para além disso, em alguns capítulos, são colocadas algumas questões no final do capítulo, acreditando-se que a resposta às mesmas pode melhorar a compreensão dos princípios dessa experiência. É de salientar que, como um maior número de repetições destes conceitos pode fazer com que os mesmos sejam totalmente absorvidos pelos leitores, alguns conceitos podem ter sido parcialmente repetidos em alguns capítulos. No geral, acredita-se que os métodos utilizados neste livro estão alinhados com a tendência no ensino de engenharia, e o formato de fácil leitura do livro comunica com o seu público no seu melhor. Por outras palavras, a filosofia deste livro é a de rever os conceitos fundamentais da eletroquímica e da engenharia da corrosão, trazendo-os para o laboratório através de um formato de leitura fácil, e mostrar este excitante campo da ciência ao seu público. Além disso, ao longo de todos estes anos, muitos estudantes deram-me feedback sobre vários aspectos de cada tópico e de cada laboratório. Por conseguinte, com base em mais de 30 anos de ensino de diferentes cursos relacionados com eletroquímica e revestimento na Universidade de Tecnologia Sharif, o programa que estes livros abrangem e as experiências laboratoriais foram concebidos de modo a que os estudantes possam compreender mais fluentemente as aulas teóricas e os conceitos práticos.

Os pré-requisitos para tirar o máximo proveito deste livro são um curso de engenharia em eletroquímica e engenharia da corrosão. Para além disso, é desejável conhecer alguns conceitos básicos de engenharia de superfícies. Para além disso, a sequência dos capítulos é feita de forma a que nos primeiros capítulos sejam revistos princípios mais básicos como a corrosão galvânica e a fissuração por corrosão sob tensão, enquanto no final do livro são discutidos conceitos mais complexos. As referências para as aulas no início de cada capítulo baseiam-se principalmente nas referências e manuais comuns em eletroquímica e referências de engenharia de corrosão. No entanto, em alguns casos, podem ter sido utilizadas outras referências que são indicadas no final de cada capítulo.

Cada capítulo do livro foi dedicado a um dos melhores alunos do Departamento de Ciência e Engenharia de Materiais da Universidade de Tecnologia Sharif para editar e melhorar a qualidade do projeto inicial. O nome de cada pessoa está escrito no início de cada capítulo. Tenho de agradecer a todos estes estudantes e expressar a minha gratidão pelos seus esforços. Sem eles, este livro não seria nem de perto nem de longe tão bom como a sua versão final.

Por último, tenho de agradecer à Sra. Masoumeh Poursadegh, a operadora do Laboratório de Corrosão e Revestimento do Departamento de Ciência e Engenharia de Materiais da Universidade de Tecnologia Sharif. Desde que entrou para o nosso laboratório, a sua experiência em técnicas laboratoriais, a sua atenção ao pormenor e, mais importante do que outras, a sua ética de trabalho fizeram uma grande revolução no nosso laboratório. Ela é verdadeiramente uma mais-valia para nós e o seu trabalho no nosso laboratório durante quase duas décadas é memorável.

A equipa de escritores gostou da jornada de escrever este livro, esperamos que o público goste de ler e fazer as experiências.

Com os melhores cumprimentos,

Mohammad Ghorbani

Ruhollah Sharifi

Capítulo 1

"Corrosão Galvânica"

Introdução

Por: Mohammad Ghorbani, Fatemeh Mobini Zanjani, Parham Taghizadegan

Sempre que ligamos dois eléctrodos diferentes dentro do eletrólito através de um fio, estabelece-se uma corrente entre os dois eléctrodos. No momento em que se fecha o circuito, a quantidade de corrente é elevada, mas vai diminuindo lentamente ao longo do tempo, mantendo-se constante ao fim de algum tempo. As razões para este facto são:

A. Estabelecimento de uma força motriz oposta que reduz a força motriz da célula (polarização de ativação).

B. Aumento da resistência galvânica da célula resultante da concentração de gases e camadas nos eléctrodos.

1.1 O que é a série galvânica?

Série EMF e Galvânica

Essencialmente, o potencial entre metais imersos em soluções contendo 1 M dos respectivos iões é medido a uma determinada temperatura estável. Estes dados são reunidos numa tabela, que é frequentemente designada por força eletromotriz ou série emf. Para facilitar a referência, todos os potenciais são comparados com o elétrodo de referência do hidrogénio (H /H_2^+), que é definido como zero. Os potenciais entre metais diferentes podem ser calculados tomando as diferenças absolutas entre os seus potenciais de EMF padrão.

Na prática, é raro assistir-se a um acoplamento galvânico entre metais que estão em equilíbrio com os seus iões. Como já foi referido, a maioria dos efeitos da corrosão galvânica deve-se à ligação eléctrica entre dois metais. Além disso, considerando que a maioria dos materiais utilizados na prática são ligas, os pares galvânicos incluem normalmente uma ou duas ligas metálicas. Em circunstâncias como estas, a série galvânica fornece uma previsão mais precisa das relações galvânicas do que a série emf. Os dados da série galvânica provêm de medições de potencial e de ensaios de corrosão galvânica efectuados pela The International Nickel Company em Harbor Island, em água do mar não contaminada.

Devido às variações entre os testes, é o posicionamento relativo dos metais, e não os seus potenciais, que são representados. Idealmente, teríamos séries comparáveis para metais e ligas em todos os ambientes a diferentes temperaturas, mas isso exigiria um número infinito de testes.

Em geral, a posição dos metais e ligas na série galvânica está de acordo com as posições dos seus elementos constituintes na série da força eletromotriz.

Previsão da corrosão galvânica

A abordagem predominante para prever a corrosão galvânica é o teste de imersão do par galvânico no ambiente desejado.

A série galvânica é, obviamente, uma ferramenta útil; no entanto, não está isenta de limitações sérias e significativas. Os metais e as ligas, que formam películas passivas, podem apresentar potenciais variáveis ao longo do tempo, tornando difícil a sua colocação exacta na série. Além disso, a série galvânica não fornece informações sobre as caraterísticas de polarização dos materiais, tornando-a ineficaz na previsão da provável magnitude dos efeitos galvânicos.

A série galvânica é geralmente representativa do comportamento dos metais em ambientes corrosivos, como a água do mar. No entanto, as posições relativas de alguns metais na série podem ser alteradas na presença de electrólitos específicos. Um exemplo é quando o aço revestido com estanho é exposto a sumo de fruta. Neste caso, o estanho é anódico em relação ao metal de base.

Experiência 1-1

Objetivo:

Observação e traçado das curvas de polarização das células galvânicas

Equipamento necessário:

1. Copo
2. Eléctrodos: cobre, aço, prata, latão
3. Elétrodo de referência de calomelano
4. Água destilada

5. Voltímetro

Instruções passo a passo:

1. Limpe um dos eléctrodos com uma lixa e ligue-o a um voltímetro. Colocar o elétrodo dentro do copo com água destilada.
2. Ligar o elétrodo de referência ao voltímetro e colocá-lo no interior do copo.
3. Lendo a diferença de potencial que o voltímetro indica, enumere todos os eléctrodos de acordo com a tabela da série galvânica.
4. Com base nos resultados da etapa anterior, limpar os eléctrodos com a diferença de potencial mínima e máxima (vs. elétrodo de referência) e ligar cada um deles separadamente a um voltímetro com um elétrodo de referência ligado a ele. Em seguida, coloque o elétrodo de referência e o outro elétrodo no copo que contém água destilada.
5. Ao ler as alterações de tensão de 3 em 3 minutos, trace curvas e explique como ocorrem essas alterações.

1.2 Células de corrosão

Quando dois eléctrodos que têm uma diferença de potencial são imersos num eletrólito e estão ligados por um condutor metálico, estabelece-se entre eles uma corrente galvânica. O circuito que se forma é chamado célula de corrosão e a corrente no circuito externo é do cátodo para o ânodo e no interior do eletrólito do ânodo para o cátodo, de acordo com a lei de Faraday, provoca a dissolução do elétrodo do ânodo.

Uma célula de corrosão pode ocorrer das seguintes formas:

a) Bimetálico

Sempre que dois metais diferentes ou dois metais do mesmo tipo cuja qualidade da superfície é diferente ou que sofreram tratamentos térmicos diferentes são colocados num eletrólito, ocorre esta célula galvânica.

Quando dois metais diferentes são submersos numa solução corrosiva ou condutora, forma-se normalmente uma diferença de tensão entre eles. Esta diferença de tensão, quando os metais estão em contacto ou ligados eletricamente, faz com que os electrões fluam de um metal para o outro, o que resulta num aumento da corrosão do metal menos resistente à corrosão e numa diminuição do ataque ao metal mais resistente, em comparação com quando estes metais estão isolados. O metal menos resistente actua como um ânodo, enquanto o metal mais resistente actua como um cátodo. Na maioria dos casos, o cátodo ou metal catódico sofre uma corrosão mínima ou nula neste tipo de acoplamento. Este tipo de corrosão é conhecido como corrosão galvânica ou de dois metais. O potencial desenvolvido entre os dois metais serve como força motriz para a corrente e a corrosão.

b) Um eletrólito com diferentes concentrações de iões (concentração diferencial de electrólitos)

Sempre que mergulhamos dois metais idênticos em electrólitos com concentrações diferentes, de acordo com a teoria da decomposição electrolítica, o que tem maior concentração tem mais iões e, consequentemente, tende a absorver electrões. Isto altera o equilíbrio potencial das concentrações e, consequentemente, quando dois eléctrodos estão ligados por um condutor metálico, estabelece-se uma corrente no circuito devido à diferença de potencial dos dois electrólitos.

c) Diferentes electrólitos, como diferentes solos

Quando eléctrodos idênticos são colocados em solos diferentes, surge uma diferença de potencial devido à variação na composição do eletrólito. Consequentemente, a diferença na concentração do eletrólito, juntamente com as diferenças na concentração de ar em torno dos eléctrodos, instiga o fluxo de corrente.

d) A diferença de ar à volta do elétrodo (arejamento diferencial)

Quando um par de eléctrodos é imerso num eletrólito e o ar é soprado adjacente a um dos eléctrodos através de uma bomba, resulta numa diferença na concentração de oxigénio nas superfícies dos eléctrodos. Esta discrepância induz uma diferença de potencial entre os eléctrodos, facilitando assim a geração de uma corrente eléctrica.

Experiência 1-2

Objetivo:

Mostrar a presença de corrente entre dois eléctrodos diferentes (célula bimetálica) e traçar a curva da queda de corrente e de tensão em função do tempo devido à polarização

Equipamento necessário:

1. Elétrodo de ferro polido
2. Elétrodo de cobre polido
3. Elétrodo de ferro corroído
4. Recipiente com água destilada
5. Miliamperímetro
6. Milivoltímetro

Instruções passo a passo:

a) Célula com eléctrodos de cobre e de ferro (célula com dois eléctrodos diferentes):
   1. Colocar os eléctrodos de ferro e de cobre polidos no recipiente com água destilada.
   2. Ligar o elétrodo de cobre à extremidade vermelha (pólo positivo) dos aparelhos (miliamperímetro e milivoltímetro) e o elétrodo de ferro à extremidade preta (pólo negativo) dos aparelhos (miliamperímetro e milivoltímetro). A configuração deste circuito é mostrada na **figura 1a**.

7. Escreva a corrente do miliamperímetro e leia o potencial do milivoltímetro em momentos diferentes.

b) Célula com eléctrodos de ferro polido e corroído (célula com dois eléctrodos semelhantes mas com diferentes condições de superfície):
   1. Colocar os eléctrodos de ferro polido e corroído no recipiente destilado.
   2. Ligar os eléctrodos de ferro corroído à extremidade vermelha (pólo positivo) dos aparelhos (miliamperímetro e milivoltímetro) e os eléctrodos de ferro polido à extremidade preta (pólo negativo) dos aparelhos

(miliamperímetro e milivoltímetro). A configuração deste circuito é mostrada na **figura 1b**.

3. Escreva a corrente do miliamperímetro e leia o potencial do milivoltímetro em momentos diferentes.

Nota: Se a gama de corrente exceder o limite da gama de corrente do miliamperímetro, provoque um curto-circuito no circuito antes que possa ocorrer qualquer dano no miliamperímetro. Depois, após alguns segundos, volte a ligar o circuito.

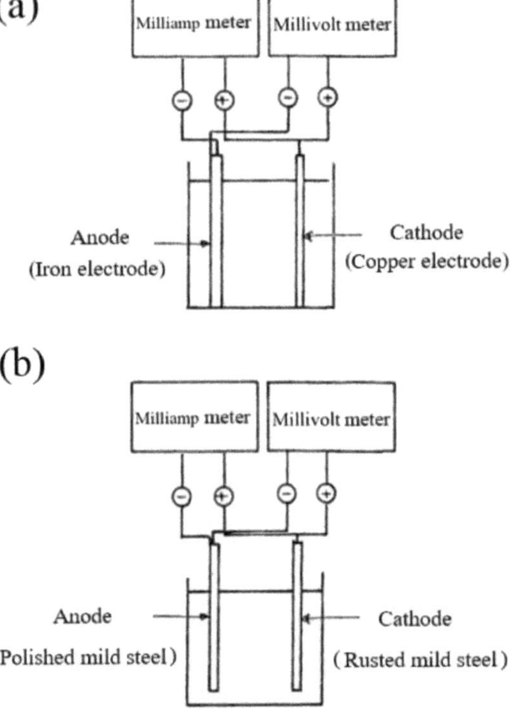

FIGURA 1-1. Configuração dos circuitos das pilhas bimetálicas em a) uma pilha com dois eléctrodos diferentes e b) uma pilha com um elétrodo de ferro polido e outro corroído.

Experiência 1-3

Objetivo:

Investigação da diferença de concentração de iões na voltagem através da formação de uma célula de concentração

Equipamento necessário:

1. Dois eléctrodos de cobre idênticos polidos
2. Um recipiente de vidro e um recipiente de barro quase do mesmo tamanho, cheios de água
3. Sulfato de cobre ($CuSO_4$)
4. Miliamperímetro
5. Milivoltímetro

Instruções passo a passo:

1. Colocar o pote de barro dentro do recipiente de vidro. O pote e o recipiente devem estar cheios de água.
2. Colocar um elétrodo de cobre polido em cada recipiente.
3. Ligue o elétrodo que colocou no recipiente de barro à extremidade vermelha (pólo positivo) dos aparelhos (miliamperímetro e milivoltímetro) e o elétrodo que colocou no recipiente de vidro à extremidade preta (pólo negativo) dos aparelhos (miliamperímetro e milivoltímetro). A configuração do circuito que foi utilizado para esta experiência pode ser vista na **Figura 2**. Se os eléctrodos estiverem perfeitamente polidos e forem idênticos, não deverá ver qualquer corrente.
4. Adicione cerca de 1 grama de sulfato de cobre ao recipiente de argila e também ao recipiente de vidro. Neste caso, anote a quantidade de tensão e de corrente.
5. Agora adiciona 0,5 gramas de sulfato a um recipiente de argila e anota o resultado.
6. Continuar o processo acima, deitando 0,5 gramas de sulfato de cobre no recipiente de argila e anotar regularmente os resultados. Continuar este

processo até que não haja alteração do potencial celular devido à adição de sulfato de cobre.

7. Adiciona 0,5 gramas de sulfato de cobre ao recipiente de vidro e anota o resultado.
8. Trace as curvas que mostram as alterações da corrente e da tensão em função da concentração de sulfato de cobre.

Nota: Se a gama de corrente exceder o limite da gama de corrente do miliamperímetro, provoque um curto-circuito no circuito antes que possam ocorrer danos no miliamperímetro. De seguida, após alguns segundos, volte a ligar o circuito.

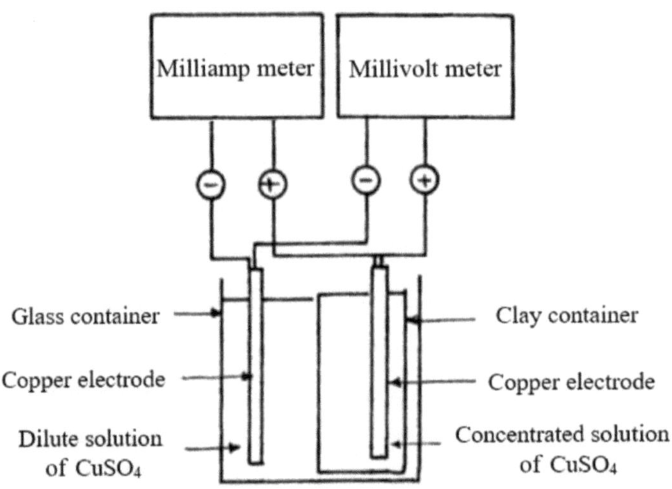

FIGURA 1-2. Configuração dos circuitos de concentração diferencial .

Experiência 1-4

Objetivo:

Investigação do efeito do arejamento na tensão de uma célula através da formação de uma célula de arejamento diferencial

Equipamento necessário:

1. Dois eléctrodos de aço polido

2. Um recipiente de vidro com cerca de 25% de água destilada.
3. Um pote de barro cheio de água
4. Bomba de ar
5. Miliamperímetro
6. Milivoltímetro

Instruções passo a passo:

1. Colocar o pote de barro dentro do recipiente de vidro.
2. Colocar um elétrodo de aço polido em cada recipiente.
3. Ligar o elétrodo que se encontra no interior do recipiente de argila aos terminais pretos dos aparelhos (miliamperímetro e milivoltímetro) e o outro elétrodo aos terminais vermelhos dos aparelhos (miliamperímetro e milivoltímetro). A configuração do circuito que foi utilizado para esta experiência pode ser vista na **Figura 3**.
4. A corrente que atravessa os dois eléctrodos deve ser próxima de zero. Se houver uma diferença de potencial entre os dois eléctrodos, retirar os eléctrodos da solução, polir de novo e repetir o ensaio a partir do passo (2).
5. Colocar a bomba de ar junto ao elétrodo que está ligado aos pólos vermelhos e soprar cuidadosamente um jato de ar junto a ele. Enquanto sopra lentamente ar junto a este elétrodo, anote os resultados em diferentes momentos. Quando a diferença de potencial e a corrente não se alterarem mais, anote o potencial e a corrente.
6. Agora, mude a localização da bomba e coloque-a junto ao outro elétrodo e repita a ação anterior até se estabelecer um equilíbrio de oxigénio nos eléctrodos. Como resultado, a diferença de potencial e a corrente tornam-se zero. Agora continue a soprar ar e anote o resultado.

Nota: Se a gama de corrente exceder o limite da gama de corrente do miliamperímetro, provoque um curto-circuito no circuito antes que possam ocorrer danos no miliamperímetro. Depois, após alguns segundos, volte a ligar o circuito.

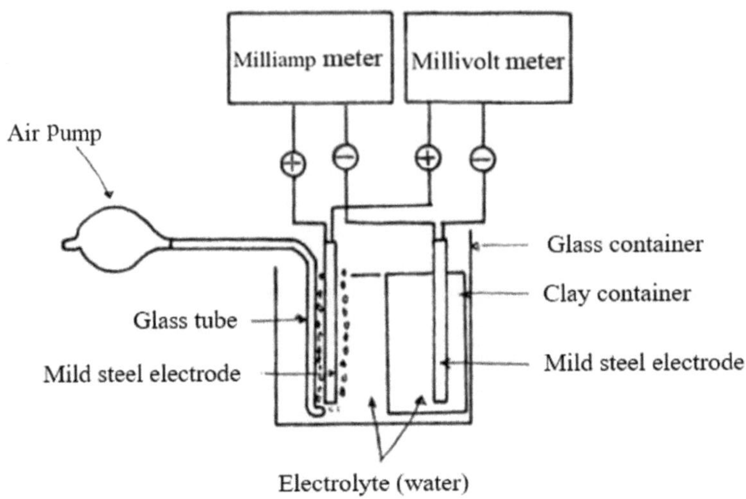

FIGURA 1-3. Configuração dos circuitos da célula dearejamento diferencial .

Experiência 1-5

Objetivo:

Investigação do efeito de diferentes electrólitos (diferentes solos) na tensão de uma célula de corrosão

Equipamento necessário:

1. Dois eléctrodos de aço polido
2. Um recipiente de vidro
3. Um pote de barro
4. Dois tipos diferentes de solos
5. Miliamperímetro
6. Milivoltímetro

Instruções passo a passo:

1. Colocar o pote de barro dentro do recipiente de vidro.
2. Colocar um elétrodo de aço polido em cada recipiente.
3. Ligar o elétrodo que se encontra no interior do recipiente de argila aos terminais vermelhos dos aparelhos (miliamperímetro e milivoltímetro) e o outro elétrodo aos terminais pretos dos aparelhos (miliamperímetro e

milivoltímetro). A configuração do circuito que foi utilizado para esta experiência pode ser vista na **Figura 4**.

4. Colocar um dos tipos de solo no vaso e o outro no recipiente de vidro. Os eléctrodos devem ser enterrados sob o solo.
5. Escreva a corrente do miliamperímetro e leia o potencial do milivoltímetro em diferentes intervalos de tempo.

Nota: Se a gama de corrente exceder o limite da gama de corrente do miliamperímetro, provoque um curto-circuito no circuito antes que possa ocorrer qualquer dano no miliamperímetro. Depois, após alguns segundos, volte a ligar o circuito.

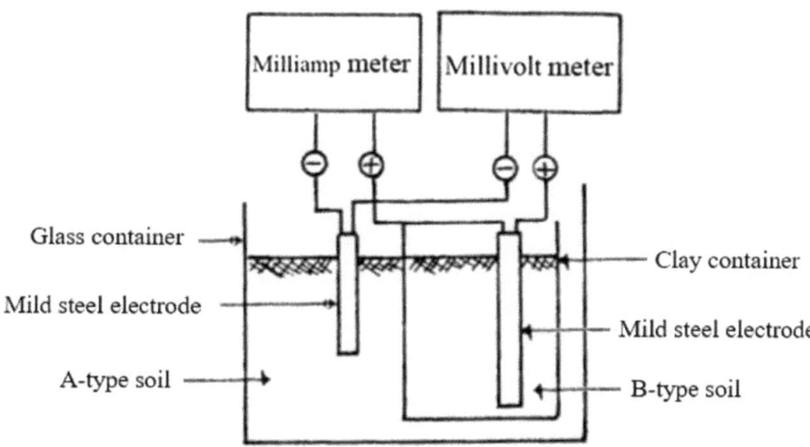

FIGURA 1-4. A configuração do circuito de Diferentes electrólitos ou diferentes solos.

1.3 Corrosão em fendas

A existência de pequenas aberturas ou fendas entre componentes metálicos ou não metálicos e o metal pode levar à corrosão localizada nesses locais. Da mesma forma, fendas não intencionais como costuras, juntas, fissuras e outros defeitos metalúrgicos podem atuar como pontos de iniciação à corrosão. A resistência à corrosão em fendas pode diferir entre sistemas de liga e ambiente. As ligas que são passivas, especialmente as da categoria do aço inoxidável, são mais susceptíveis à corrosão em fendas do que os materiais que apresentam comportamentos mais activos.

No caso do alumínio, a suscetibilidade à corrosão em frestas depende da passividade da liga. Na maioria dos casos, a corrosão geral é suscetível de suspender a corrosão em frestas. As ligas de titânio são geralmente bastante resistentes; no entanto, podem ser propensas à corrosão em fendas em ambientes ácidos, que contêm cloreto a temperaturas altas e elevadas.

Mecanismos

A corrosão em fendas, no seu entendimento mais básico, pode ser associada à construção de células de oxigénio diferencial. Este fenómeno ocorre quando o oxigénio no eletrólito da fenda é consumido, enquanto a superfície exposta tem um fornecimento acessível de oxigénio. Assim, a superfície exposta torna-se catódica em comparação com a região da fenda.

Sabemos que a corrosão ocorre mais frequentemente nas fendas que contêm a solução, e também é possível que a corrosão nas fendas ocorra mesmo quando o objeto está totalmente imerso.

Além disso, a corrosão acelerada pode ocorrer por duas razões:

a) Em primeiro lugar, devido à elevada concentração de oxigénio, que provoca um ataque direto, e, em segundo lugar, devido às diferentes concentrações de oxigénio, que provocam a corrosão em zonas com diferentes concentrações.
b) As lacunas podem causar diferenças na concentração de iões metálicos em diferentes locais. Por exemplo, a concentração de iões metálicos pode ser mais elevada numa região de uma fenda do que na região exterior. Por conseguinte, a corrosão pode ocorrer em qualquer ligação mecânica, e as fendas podem ser eliminadas alterando o projeto.

Prevenção da corrosão em fendas

A limpeza, especialmente em condições que promovem a deposição em superfícies metálicas, é de importância crucial. Em determinadas situações, a aplicação de revestimentos de soldadura com ligas de resistência à corrosão mais elevada e preferível tem-se revelado eficaz. A aplicação de proteção catódica pode conduzir a resultados benéficos. No entanto, é fundamental estar ciente dos efeitos potenciais da proteção excessiva, particularmente para ligas que são propensas a hidratação e fragilização.

Experiência 1-6

Objetivo:

Investigação do desenvolvimento da corrosão em fendas e juntas em resultado da alteração da concentração de oxigénio (Observação da corrosão em fendas).

Equipamento necessário:

1. Uma peça fina de aço ao crómio com 12% de crómio em conformidade com a norma AISI 410 com Dimensões 5 cm × 20 cm
2. Duas peças de madeira com dimensões aproximadas de 2,5 cm × 3 cm × 4.5 cm
3. Um elástico de 4,5 cm de largura e suficientemente comprido (cerca de 20 cm) para ser esticado sobre a amostra
4. Solução de cloreto de sódio a 3%
5. Solução de cloreto férrico a 5%
6. Copo de 400 ml

Instruções passo a passo:

1. Encher um copo de 400 ml com cloreto de sódio e adicionar alguns ml de solução de cloreto férrico. Em seguida, colocar o elástico em duas amostras

de aço inoxidável, de modo a que fique paralelo à maior dimensão da amostra. Colocar o bastão por baixo do elástico na parte lateral e no centro da amostra, criando assim um espaço na extremidade da amostra por baixo do elástico.

2. Suspender esta coleção na solução de modo a que a sua camada inferior não entre em contacto com o fundo do copo. Deixar esta solução à disposição para estudo durante 6 a 8 semanas. Durante este período, pode ser necessário repor a água que se perde devido à evaporação. E é útil renovar a solução cerca de duas vezes por semana após o início da corrosão.

Nota: A corrosão localizada ocorre na superfície onde a tira de borracha entra em contacto com o aço inoxidável. Corrosão em fendas significa corrosão que ocorre como resultado de fissuras e formações entre um metal e um não-metal ou entre a superfície de dois metais. É muito importante porque é um dos tipos de corrosão mais conhecidos.

Capítulo Problemas

1. Ordenar as amostras de acordo com o potencial eletroquímico
2. Traçar a curva das variações do potencial de cada elétrodo em relação ao elétrodo de referência e observar a taxa de corrosão de diferentes metais na água.
3. Nas células bimetálicas, determinar o papel de cada um dos eléctrodos e a forma como o ânodo é corroído em comparação com o cátodo
4. desenhar a forma da célula de diferença de concentração e mostrar a direção do movimento dos electrões e da corrente eléctrica dentro e fora do eletrólito.
5. Oferecer formas de evitar a corrosão em fendas.

Referências

[1] M. G. Fontana, Corrosion Engineering. New York: McGrow Hill Book Company, 1987.

[2] R. Sharifi, A. Ashoori, M. Samanian, A. S. Rouhaghdam, A. Dolati, e G. B. Darband, "Experimental and theoretical study of hierarchical NiCo-TiO2 nanocomposite superhydrophobic

surface for improving corrosion resistance," Colloids Surf A Physicochem Eng Asp, vol. 690, p. 133687, 2024.

[3] E. E. Stansbury e R. A. Buchanan, Fundamentals of electrochemical corrosion. ASM international, 2000.

[4] A. Kaboli, N. Esfandiari, G. B. Darband, R. Sharifi, M. Aliofkhazraei, e A. S. Rouhaghdam, "Electrodeposition of Fe-Co-Ni coating by cyclic voltammetry for efficient hydrogen production," Journal of Electroanalytical Chemistry, vol. 958, p. 118151, 2024.

Capítulo 2

"Teste de Imersão"

Por: Mohammad Ghorbani, MohamadAmin Ziveh, Parham Taghizadegan

As técnicas laboratoriais são amplamente utilizadas para iniciar a avaliação de metais e ligas para ensaios posteriores e para obter dados úteis para compreender os processos de corrosão. O ensaio de imersão é, de longe, a técnica mais utilizada para avaliar a resistência à corrosão. No entanto, quando é necessário obter mais informações sobre as taxas de corrosão, ou quando são necessários ensaios acelerados, os métodos electroquímicos são geralmente os métodos preferidos. Os métodos e procedimentos descritos incluem factores essenciais que devem ser considerados em métodos de ensaio complexos, bem como em ensaios simples. A NACE International e a ASTM International desenvolveram normas básicas consensuais para os ensaios de corrosão por imersão de metais.

Para proceder ao exame com precisão e interpretar corretamente os resultados, é crucial considerar os impactos específicos das variáveis mencionadas abaixo:

a) A composição da solução
b) A temperatura da solução
c) O arejamento da solução
d) O volume da solução
e) O fluxo da solução
f) Preparação da superfície da amostra
g) O método de imersão da amostra
h) A duração do teste
i) Os métodos de limpeza das amostras após a exposição às soluções

Os ensaios de imersão são efectuados para medir a taxa de corrosão dos metais em ambientes específicos. Os métodos para o conseguir podem variar e podem envolver amostras ou ambientes específicos, que são utilizados para testar cada forma de corrosão (por exemplo, corrosão por pite, erosão, fissuração por tensão, galvânica e hidrogénio).

A composição da solução

As soluções que podem ser utilizadas para os ensaios podem ser preparadas sintetizando as substâncias químicas de acordo com as diretrizes do Comité de Agentes Analíticos da American Chemical Society com água destilada, utilizando soluções naturais ou recolhendo amostras de soluções de processos industriais. Na medida do possível, é necessário regular as concentrações destas soluções e indicá-las com a maior exatidão possível no relatório de ensaio. Poderá também ser útil indicar nos relatórios o nível de pH, a cor e a gravidade específica antes e depois do ensaio.

Segue-se uma lista de métodos, dos quais dois podem ser utilizados para controlar as perdas por evaporação. O primeiro processo aplicado é o controlo de nível constante, através do qual o volume da solução é mantido ao nível requerido com uma margem de ±1%. O segundo método inclui frequentemente soluções adequadas para manter o volume original. A aplicação de um condensador de refluxo pode minimizar os casos em que é necessária uma solução adicional à carga primária do recipiente. No entanto, é de notar que alguns produtos químicos demoram a condensar por serem demasiado voláteis.

A composição da própria solução de ensaio pode alterar-se através da decomposição catalítica ou por reação com a amostra em estudo. Por exemplo, o peróxido de hidrogénio pode ser decomposto através de um meio catalítico, ou o ácido fluorídrico pode ser rapidamente consumido por metais reactivos como o titânio e o zircónio. É aqui que é importante determinar estas alterações e, se necessário, adicionar reposições das soluções durante o ensaio. Se houver suspeita de problemas, examine a composição das soluções de teste através de uma análise no final do teste para determinar a quantidade de alteração na composição devido à evaporação ou às reacções. Os produtos de corrosão que se acumulam numa amostra têm o potencial de afetar a taxa de corrosão do próprio metal ou de outros metais que estejam expostos ao mesmo tempo. Por exemplo, no caso das ligas de cobre testadas em ácido sulfúrico com uma força moderada, a acumulação de iões cúpricos acelera a corrosão das ligas de cobre em comparação com a velocidade observada quando os produtos de corrosão são continuamente removidos. Os iões cúpricos podem também ter um efeito passivante nas amostras de aço inoxidável colocadas na mesma solução. Como regra geral, recomenda-se que apenas um tipo de liga seja colocado no dispositivo de ensaio.

A temperatura da solução

É importante ter em conta o impacto da temperatura na corrosão. Por conseguinte, é necessário determinar a temperatura da solução de ensaio e verificar se esta corresponde à temperatura da amostra de ensaio. Na maioria dos casos, a corrosão tende a aumentar rapidamente com a temperatura.

Os ensaios laboratoriais são frequentemente efectuados em banhos de água ou de óleo com temperatura controlada. A temperatura da solução gravada deve ser controlada com um intervalo de ±1 ^{0}C, conforme especificado nos relatórios dos resultados dos ensaios. Suponhamos que não é necessária uma temperatura específica, como o ponto de ebulição, ou que é investigada uma gama de temperaturas. Nesse caso, as temperaturas selecionadas utilizadas no ensaio devem ser comunicadas, bem como as respectivas durações. Os ensaios à temperatura ambiente devem ser efectuados à temperatura mais elevada prevista. Os desvios de temperatura devem também ser registados nos relatórios dos ensaios. Os ensaios de corrosão acelerada são frequentemente efectuados a temperaturas mais elevadas do que a temperatura de funcionamento recomendada para diminuir a duração do ensaio.

A solução Aeração

É necessário medir o arejamento de um ambiente líquido e a quantidade de oxigénio dissolvido para os ensaios de corrosão, uma vez que estes podem, por vezes, afetar drasticamente a taxa de corrosão. Alguns metais e ligas podem sofrer mais corrosão na presença de oxigénio, enquanto outros podem ter melhor resistência à corrosão.

A maior parte da discussão centra-se nos efeitos oxidantes do arejamento, embora se deva notar que outros agentes oxidantes podem ter efeitos semelhantes. Salvo indicação em contrário, é geralmente recomendado não arejar a solução. Nos casos em que o arejamento é necessário, as amostras não devem ser colocadas no fluxo de ar direto do gerador de bolhas, que pode ser um tubo perfurado. Se o fluxo de ar atingir as amostras, pode produzir efeitos adicionais.
A introdução de bolhas de ar na solução é um dos métodos de arejamento mais simples e mais comummente utilizados. Assume-se que a solução já está saturada de ar. Na maioria das aplicações simuladas nesta experiência, o ar está envolvido e, portanto, é utilizado para o arejamento. A eficácia do arejamento depende da quantidade inicial de ar na solução e da medida em que este é removido ou escapa durante o processo. A solução pode também absorver ar da atmosfera. Se a saturação de oxigénio da solução de ensaio for aceitável, a melhor maneira de realizar o ensaio é borbulhar oxigénio na solução. No entanto, quando se utilizam gases ricos em oxigénio, é crucial tomar as devidas precauções, uma vez que muitas substâncias ardem violentamente em oxigénio puro. Para diferentes níveis de arejamento, a solução deve ser protegida com misturas artificiais de ar ou oxigénio e um gás inerte. Se for necessário remover o oxigénio dissolvido, terão de ser considerados procedimentos especiais, tais como o pré-aquecimento da solução e a borbulhagem com gás inerte (por exemplo, azoto). Nestes casos, é muitas vezes necessário utilizar um vedante atmosférico líquido para evitar a entrada de ar no tanque de ensaio.

O volume da solução

Para manter um nível constante de corrosividade na solução de teste, é essencial utilizar uma quantidade adequada da solução. Isto evitará o consumo de componentes corrosivos ou a acumulação de produtos de corrosão que podem afetar ainda mais a corrosão. Por exemplo, o volume mínimo recomendado para a solução de ensaio é de 200 L m^{-2} da superfície da amostra ao detetar a sensibilidade ao ataque intergranular do aço inoxidável austenítico. Para avaliar a sensibilidade das ligas de alumínio 5xxx à corrosão por descamação, o volume mínimo recomendado é de 100 L m^{-2} da superfície da amostra.

Quando o objetivo da experiência é determinar o efeito de uma liga metálica sobre as propriedades da solução de ensaio (por exemplo, para avaliar o impacto dos metais sobre os corantes ou a decomposição catalítica do peróxido de hidrogénio), é desejável reproduzir a relação entre o volume da solução e a área de superfície metálica exposta que existe na experiência. O tempo real de contacto do metal com a solução também deve ser considerado. Ao interpretar os resultados, devem ser tidas em conta quaisquer distorções necessárias das condições de ensaio.

O fluxo da solução

Em experiências laboratoriais de rotina, é normalmente necessário determinar o impacto do caudal. Embora algumas experiências específicas sejam concebidas para este fim, o controlo da velocidade é desejável devido à sua repetibilidade. Durante a realização de ensaios de ponto de ebulição, recomenda-se a utilização da regulação térmica mais baixa para minimizar a turbulência e evitar colisões de bolhas. Em experiências realizadas abaixo do ponto de ebulição, a convecção térmica é geralmente a única fonte de fluxo de líquido. Em soluções de alta viscosidade, é necessária uma agitação controlada adicional para garantir condições uniformes.

Estratégias para manter a integridade das amostras

A solução de ensaio não deve afetar ou contaminar o dispositivo de suporte e o recipiente. Os métodos de fixação das amostras variam consoante o dispositivo utilizado para efetuar o ensaio. Ainda assim, os suportes devem ser concebidos de modo a isolar física e eletricamente as amostras umas das outras e a separar as amostras de qualquer recipiente metálico ou dispositivo de suporte utilizado.

A forma e o formato do suporte da amostra devem garantir o livre contacto da amostra com a solução corroída da linha líquido-vapor ou da fase de vapor. Se as ligas revestidas forem expostas à solução, são necessários métodos específicos, como o revestimento de arestas, para garantir que apenas o revestimento seja exposto à solução, a menos que o objetivo seja testar a capacidade do revestimento para proteger as arestas de corte. Uma forma de testar a eficácia de um revestimento é expor uma amostra do material revestido a uma solução de teste, fixando-a a uma abertura num tubo em T, assegurando que apenas a superfície revestida é exposta. Os suportes comuns incluem:

a) Varetas de vidro ou cerâmica
b) Selins de vidro
c) Ganchos de vidro
d) Fios de plástico fluorocarbono
e) Suportes metálicos isolados ou cobertos

Ao realizar experiências envolvendo soluções aquosas numa atmosfera de ar ou pressão de oxigénio, é crucial assegurar que todas as amostras são colocadas na mesma fonte de oxigénio. Isto é particularmente importante para os sistemas de corrosão em que a taxa de corrosão pode ser relativamente elevada, como o ferro e o aço imersos em soluções salinas neutras. Nesses testes, as amostras totalmente imersas com uma profundidade inferior a 20 mm demonstraram uma taxa de corrosão muito mais elevada. No entanto, quando a amostra é imersa mais profundamente, a taxa de corrosão diminui e as alterações na profundidade tornam-se insignificantes.

Ensaios em autoclave

As tecnologias químicas modernas utilizam temperaturas e pressões elevadas para aumentar as taxas de conversão e a eficiência. Por conseguinte, é essencial efetuar ensaios de corrosão a temperaturas e pressões tão elevadas. As autoclaves são normalmente utilizadas para este tipo de ensaio. Os autoclaves têm dispositivos de segurança, ferramentas de medição de pressão e temperatura e sistemas de controlo. O corpo do autoclave deve ser feito de um material adequado para as condições de ensaio pretendidas. O corpo pode ser feito de materiais como o aço inoxidável, ligas à base de níquel, titânio, zircónio, tântalo ou politetrafluoroetileno. Os autoclaves existem numa variedade de tamanhos e tipos diferentes e o volume do autoclave pode variar de centenas de mililitros a mais de vários litros. Podem ser imóveis, agitados ou frescos. Para autoclaves novos, estão disponíveis dispositivos como uma bomba de alta pressão e volume constante, um pré-aquecedor, um controlador de contrapressão e um sistema de proteção contra sobrepressão.

A estabilidade da temperatura é um requisito essencial para a realização de ensaios em autoclave. A temperatura pode flutuar devido ao aquecedor, ao termopar de controlo, à taxa de aquecimento, às alterações das condições externas, ao grau de isolamento e à corrosão das amostras. Os sistemas de medição e registo da temperatura devem ser calibrados com uma precisão especificada a um intervalo especificado, por exemplo, de seis em seis meses, com uma precisão de ± 2,8 ºC. É também desejável estabelecer um perfil térmico vertical para o autoclave; por exemplo, de seis em seis meses ou sempre que o aquecedor de controlo ou o termopar sejam ajustados ou substituídos. A pressão afecta a corrosão de certas ligas sob certas condições, e o manómetro deve ser calibrado para um registo preciso da pressão e segurança.

É importante seguir os procedimentos corretos de limpeza dos autoclaves após cada utilização. Devem ser tidos em consideração métodos químicos e mecânicos com base nos materiais estruturais e nos ambientes de teste. Como o corpo do autoclave é normalmente feito de uma liga metálica, é considerado uma amostra de ensaio. O cumprimento do rácio mínimo recomendado entre o volume e a área da amostra pode ser complexo devido à geometria do autoclave. No entanto, este rácio deve ser tão grande quanto possível e a solução de ensaio deve ser variada tanto quanto possível.

Preparação da amostra e duração do ensaio

O tipo, tamanho e forma das amostras variam consoante o objetivo do teste, os materiais testados e o dispositivo utilizado. Estas normas ASTM fornecem aos utilizadores métodos normalizados de preparação, limpeza e avaliação de amostras de ensaio de corrosão. Além disso, a corrosão é basicamente um fenómeno de superfície; por conseguinte, o estado da superfície das amostras desempenha um papel vital na determinação dos resultados do ensaio. Assim, é importante conhecer a qualidade das amostras para garantir resultados exactos. O estado da superfície do equipamento fabricado também é essencial para determinar o acabamento da superfície do equipamento. Em muitos ensaios, é preferível uma superfície rugosa com impurezas incrustadas ou uma superfície lisa com limpeza pós-fabricação, e este efeito deve ser considerado.

Se a taxa de corrosão prevista for moderada ou baixa, a seguinte equação pode ser utilizada para determinar a duração dos ensaios propostos:

$$\text{Horas} = \frac{2000}{\text{corrosion rate in mpy}} \qquad \textbf{(Equação 2-1)}$$

Por exemplo, se a taxa de corrosão for de 10 mpy, o ensaio deve ser efectuado durante, pelo menos, 200 horas. Este método de estimativa da duração do ensaio ajuda a decidir se o ensaio deve ser repetido durante um período mais alargado após a sua realização.

Procedimentos de limpeza das amostras após os ensaios

Após a realização de um ensaio de corrosão, é essencial limpar as amostras para remover depósitos em massa e produtos de corrosão, mas não os metais reais. Isto deve ser feito o mais cedo possível para assegurar a exatidão do intervalo de corrosão medido. A corrosão pode ainda ocorrer por baixo dos produtos de corrosão húmidos até que sejam adequadamente removidos. Foram desenvolvidos vários métodos de limpeza mecânicos, electrolíticos e químicos para a limpeza de diferentes metais e ligas. Aqui estão algumas das técnicas que podem ser usadas para limpar diferentes tipos de amostras metálicas:

1. *Alumínio e suas ligas*: Mergulhar a amostra em ácido nítrico a 70% durante 20 minutos.
2. *Cobre e suas ligas*: Utilizar 5-10% de ácido sulfúrico ou ácido clorídrico à temperatura ambiente.
3. *Ferro e aço*: Utilizar ácido clorídrico a 20% ou ácido sulfúrico a 20% à temperatura ambiente com um inibidor orgânico como a quinolina.
4. *Zinco e suas ligas*: Utilizar acetato de amónio saturado à temperatura ambiente.

Nota: Depois de tratar as amostras com ácidos, bases ou solventes orgânicos, é essencial lavá-las com água destilada para remover quaisquer substâncias residuais.

Cálculo da taxa de corrosão

Para obter a taxa de corrosão média, seguir a fórmula dada:

$$\text{Taxa de corrosão} = \frac{KW}{ATD} \quad \textbf{(Equação 2-2)}$$

Onde K é uma constante, W é a perda de massa, T é o tempo de exposição à solução, A é a área e D é a densidade.

São utilizadas várias unidades específicas para expressar a taxa de corrosão. Usando as unidades mencionadas anteriormente, a taxa de corrosão pode ser calculada em diferentes unidades com o valor apropriado de K. Por exemplo, a constante K para mils por ano (mpy), polegadas por ano (ipy), milímetros por ano (mm/y) é $8,76 \times 10^4$, $3,45 \times 10^3$, e $8,76 \times 10^4$, respetivamente.

Ao calcular a taxa de corrosão por ano, o perito em corrosão deve considerar o pressuposto de que a taxa de corrosão pode não ser uniforme. Por conseguinte, a extrapolação pode não ser exacta para mais do que alguns anos quando a taxa de corrosão é medida com base em dados de ensaio horários. Além disso, a redução média da espessura é determinada pela medição da perda de peso e este método pode não ter em conta outros factores importantes.

Experiência 2-1

Objetivo:

Avaliação da corrosão de metais em soluções aquosas e o efeito da preparação da superfície através de ensaios de imersão.

Equipamento necessário:

1. Seis amostras cilíndricas de aço com um diâmetro de 1 cm e uma altura de 2 cm
2. Seis amostras cilíndricas de latão com um diâmetro de 1 cm e uma altura de 2 cm
3. Ácido clorídrico a 15% como solução de imersão

Instruções passo a passo:

1. Lixar bem as amostras com uma lixa para remover todos os óxidos da superfície.
2. Polir duas amostras de cada liga, para além de lixar, para comparação com amostras não polidas.
3. Lavar as amostras com substâncias alcalinas, como a acetona, para remover as gorduras.
4. Pesar todas as amostras (W_i).
5. Utilizando ganchos de plástico, mergulhar as amostras num ambiente corrosivo (que já tenha atingido a temperatura desejada). Duas amostras de cada liga foram totalmente polidas e quatro amostras foram apenas lixadas. Destas quatro amostras lixadas, manter duas na solução durante o mesmo tempo que as amostras totalmente polidas, e as outras duas são imersas na solução o dobro do tempo. Após o período de ensaio especificado, retirar as amostras das soluções.
6. Lavar as amostras removidas com uma solução de lavagem específica para cada liga, utilizando uma escova de excelente qualidade para remover materiais oxidados. Em seguida, lave-as com água destilada e acetona.

7. Pesar de novo as amostras (W_f). O valor da perda de peso (W = $|W_f$ - $W_i|$) pode ser obtida.
8. Medir a superfície das amostras com um compasso de calibre para calcular a superfície total (A).
9. Utilize a seguinte fórmula **(Equação 2-3)** para determinar a quantidade de corrosão em mils por hora (Mpy).

$$\text{MPY} = \text{miles per year} = \frac{534\text{W}}{\text{DAT}} \qquad \textbf{(Equação 2-3)}$$

W: Perda de peso (mg)

A: Área total (in^2)

D: Densidade da amostra (g/cm^3)

T: Duração do ensaio (hora)

10. Comparar as secções transversais polidas e não polidas em termos de taxa de corrosão e observar o aspeto microscópico das secções transversais polidas. Descrever as zonas corroídas. A taxa de corrosão seria maior ou menor se os grãos fossem mais pequenos?

Capítulo Problemas

1. Calcular a quantidade de corrosão utilizando a fórmula fornecida.
2. Analise e compare a intensidade da corrosão nas secções polidas e não polidas. Inclua no seu relatório uma imagem microscópica da secção polida e explique as razões da corrosão. Descreva também o tipo de corrosão e o seu efeito no tamanho do grão.
3. Comparar as taxas de corrosão de diferentes amostras com base nas respectivas condições.

Referências

[1] A. I. G5-14, "Método de ensaio de referência padrão para efetuar medições de polarização anódica potenciodinâmica", ASTM Int., pp. 1-8, 2018.

[2] N. International, "Laboratory Corrosion Testing of Metals for the Process Industries", NACE International, Houston, TX, 2018.

[3] I. O. for Standardization, "Corrosion of metals and alloys -- Corrosion testing of metallic materials in marine environments with emphasis on seawater", Organização Internacional de Normalização, Genebra, Suíça, 2014.

[4] R. Baboian, Corrosion tests and standards: application and interpretation, vol. 20. ASTM international, 2005.

[5] A. Comité C. S. A. A., Analytical reagents. Washington, DC: ACS Publications, 1969.

[6] A. International, ASTM-G31-21 Standard Guide for Laboratory Immersion Corrosion Testing of Metals (Guia normalizado para ensaios laboratoriais de corrosão por imersão de metais). ASTM International, 2021. [Online]. Available: https://doi.org/10.1520/G0031-21

[7] K. Lichti, "Accelerated corrosion testing," 48th Annual Conference of the Australasian Corrosion Association 2008: Corrosion and Prevention 2008, pp. 71-80, Jan. 2008.

[8] I. O. for Standardization, 17025:2017 Requisitos gerais para a competência dos laboratórios de ensaio e calibração. Genebra, Suíça: International Organization for Standardization, 2017.

[9] D. A. Lytle, M. R. Schock, J. A. Clement, e C. M. Spencer, "Using aeration for corrosion control," Journal AWWA, vol. 90, no. 3, pp. 74-88, Mar. 1998, doi: https://doi.org/10.1002/j.1551-8833.1998.tb08400.x.

[10] A. International, "ASTM G28-02(2015), Standard Test Methods for Detecting Susceptibility to Intergranular Corrosion in Wrought, Nickel-Rich, Chromium-Bearing Alloys," ASTM International, West Conshohocken, PA, 2015.

[11] A. International, "ASTM G123-00(2015), Standard Test Method for Evaluating Stress-Corrosion Cracking of Stainless Alloys with Different Nickel Content in Boiling Acidified Sodium Chloride Solution", ASTM International, West Conshohocken, PA, 2015.

[12] J.-G. Kim, Y.-S. Choi, H.-D. Lee, e W.-S. Chung, "Effects of flow velocity, pH, and temperature on galvanic corrosion in alkaline-chloride solutions," Corrosion, vol. 59, no. 02, 2003.

[13] A. International, ASTM G61-86(1998), Standard Test Method for Conducting Cyclic Potentiodynamic Polarization Measurements for Localized Corrosion Susceptibility of Iron-, Nickel-, or Cobalt-Based Alloys. West Conshohocken, PA: ASTM International, 1998.

[14] A. International, ASTM G1-03(2017)e1 Standard Practice for Preparing, Cleaning, and Evaluating Corrosion Test Specimens (Prática Padrão para Preparação, Limpeza e Avaliação de Espécimes de Teste de Corrosão). 2017. doi: 10.1520/G0001-03R17E01.

Capítulo 3

"Fratura por corrosão sob tensão"

Por: Mohammad Ghorbani, Ruhollah Sharifi

A fissuração por corrosão sob tensão (SCC) é um desafio crítico na engenharia e na ciência dos materiais devido às suas potenciais falhas inesperadas em estruturas metálicas. Este fenómeno ocorre quando um material suscetível, sob tensão de tração, é exposto a um ambiente corrosivo, levando à iniciação e propagação de fissuras. O SCC pode comprometer significativamente a integridade e a segurança de componentes críticos em sectores como o aeroespacial, a energia nuclear e o processamento químico. Compreender e mitigar a SCC é essencial para garantir a longevidade e a fiabilidade das estruturas metálicas e para evitar falhas catastróficas.

Causas do SCC

A fissuração por corrosão sob tensão (SCC) ocorre devido aos efeitos sinérgicos de três factores principais: tensão de tração, um material suscetível e um ambiente corrosivo específico. A tensão de tração pode ser residual dos processos de fabrico ou das cargas operacionais. A suscetibilidade do material é determinada pela sua microestrutura e composição. Os ambientes corrosivos incluem frequentemente cloretos ou outros produtos químicos específicos que interagem com o material a um nível atómico, iniciando a formação de fissuras. Ao longo do tempo, estas fissuras propagam-se, levando à falha sem deformação plástica significativa.

Métodos de controlo do SCC

Os métodos propostos para controlar a corrosão do SCC são:

1. Seleção de materiais: A escolha de materiais menos susceptíveis a SCC para ambientes específicos pode evitar o problema. Por exemplo, utilizar aços inoxidáveis com baixo teor de carbono em ambientes com cloretos.
2. Alívio de tensões: Técnicas como o recozimento e os tratamentos de alívio de tensões podem reduzir as tensões residuais nos materiais.
3. Controlo ambiental: Reduzir ou eliminar a presença de agentes corrosivos, como o controlo dos níveis de cloreto nos sistemas de água de arrefecimento.

4. Revestimentos de proteção: Aplicação de revestimentos para isolar o material do ambiente corrosivo.
5. Proteção catódica: Utilização de métodos electroquímicos para reduzir o potencial de corrosão do metal.

Métodos de avaliação da SCC

Os métodos propostos para avaliar a corrosão do SCC são:

1. Ensaios não destrutivos (NDT): Métodos como o teste ultrassónico, a radiografia e o teste de correntes de Foucault podem detetar fissuras sem danificar o componente.
2. Mecânica da fratura: Analisar a taxa de crescimento de fissuras e os factores de intensidade de tensão para prever a vida útil restante do componente.
3. Análise metalúrgica: Utilização de técnicas como a microscopia eletrónica de varrimento (SEM) e a espetroscopia de raios X por dispersão de energia (EDS) para examinar a microestrutura e a composição química da área fissurada.
4. Análise de tensões: A análise de elementos finitos (FEA) pode ser utilizada para simular tensões e identificar áreas críticas propensas a SCC.
5. Inspeção visual: As inspecções visuais regulares efectuadas por pessoal qualificado podem identificar fissuras na superfície, sinais de corrosão e outras anomalias que podem indicar o início da SCC.
6. Metalografia de réplica: Este método consiste em obter uma réplica da superfície metálica utilizando um material à base de silicone e, em seguida, analisar a réplica num microscópio. Isto permite um exame detalhado das condições da superfície e do desenvolvimento de fissuras sem remover o material.
7. Cupões de corrosão: Instalação de cupões de corrosão no ambiente operacional para monitorizar as taxas de corrosão. Estes cupões são periodicamente removidos e analisados para avaliar a extensão do ataque corrosivo.

8. Teste de dureza portátil: Utilização de aparelhos de teste de dureza portáteis para detetar alterações na dureza do material, que podem ser indicativas de tensão e do potencial de SCC.
9. Análise química: Realização de análises químicas no local do ambiente (por exemplo, água, solo, atmosfera) para identificar agentes corrosivos que possam contribuir para a SCC.
10. Medidores de tensão: Aplicação de extensómetros para monitorizar os níveis de tensão em tempo real em áreas críticas de uma estrutura. Isto ajuda a identificar as regiões sob elevada tensão de tração que são mais susceptíveis ao SCC.

Compreender o mecanismo da corrosão estrutural e os factores que a influenciam é crucial para a conceção de materiais e estruturas mais resistentes. A investigação e o desenvolvimento contínuos da ciência dos materiais, dos inibidores de corrosão e das técnicas avançadas de monitorização são essenciais para atenuar os riscos de formação de carbúnculos carbonosos. A implementação de rotinas de manutenção e inspeção também pode ajudar na deteção precoce e na prevenção da corrosão estrutural, garantindo a segurança e a fiabilidade dos componentes e sistemas industriais.

Experiência 3-1

Objetivo:

Investigação do efeito de parâmetros como o tempo, o material, o tipo de tensão e o tratamento térmico no SCC

Equipamento necessário:

1. Forno, banho-maria, aquecedor, parafuso e porca, pence, termómetro, tesoura para cortar metais,
2. pregos, martelos, cadinhos, luvas resistentes ao fogo, ácido Nital e alicates.
3. Soluções seguintes: 20% HCl, 10% H_2SO_4, 5% NH_4OH, 20% NaOH, e 50% MgCl_2.

4. Chapas de latão, de aço inoxidável e de aço-carbono. As chapas devem ter dimensões de 10*3*0,1 cm^3As chapas devem ter as dimensões de 10*3*0,1, com dois orifícios em ambas as extremidades, dobradas em forma de U.

Instruções passo a passo:

a) **Aço-carbono:**

1. Suspender a amostra no espaço com um suporte e mergulhá-la num copo grande contendo NaOH.
2. Aquecer o copo até que a temperatura da solução atinja 100-105 °C. Retirar uma amostra após 30 minutos e a amostra seguinte após 60 minutos.
3. Cortar uma peça do local dobrado e uma peça do local não dobrado, montá-la, poli-la e, por fim, gravá-la com Nital Etchant.
4. Discutir o mecanismo de fratura após o estudo microscópico da falha. De acordo com o tipo de falha no SCC, observar as condições microscópicas de uma secção transversal para uma possível falha e tirar conclusões.

b) **Latão:**

1. Suspender duas amostras de um suporte curto e mergulhá-las num copo contendo NaOH.
2. Colocar ambos sob uma tampa (colocar um termómetro sob a tampa para que a temperatura seja lida).
3. Passada meia hora, retirar a outra amostra de debaixo do capô e verificar os passos e pedidos acima referidos.

Solução de gravura: (20% NaOH) 41,66 V%, Água destilada 41,66 V%, e $H_2O_2$16.66 V%.

c) **Aço inoxidável:**

1. Tal como no ensaio anterior, pendurar duas amostras numa base e mergulhá-las na solução de $MgCl_2$ na solução de Mg.
2. O recipiente que contém a solução, que é um copo relativamente grande. Aquecer até à ebulição.

3. Agora, retire uma amostra da solução após 30 minutos e a outra após 60 minutos e estude os passos acima descritos.

Solução de condicionamento: ($MgCl_2$ 50%) 50 V% e água destilada 50 V%.

d) CCA e recozimento do aço

1. Escolha duas chapas de ferro, faça dois furos em cada uma das duas chapas com um martelo e um prego.
2. Colocar uma das amostras no forno a 430 °C durante 1 hora para eliminar a tensão.
3. Retirar a amostra do forno e deixá-la arrefecer à temperatura ambiente.
4. De seguida, colocar ambas as amostras num copo com NaOH morno.
5. Passado algum tempo, observe as duas amostras. Vê ou não vestígios de fissuras na amostra aquecida?

Capítulo Problemas

1. Em cada amostra, comparar a parte dobrada com a parte não dobrada.
2. Mostrar o efeito do tempo na corrosão sob tensão de diferentes amostras.
3. Existe alguma diferença na corrosão dos diferentes metais testados? Discutir.
4. Em termos de corrosão, qual é a diferença entre as amostras que foram perfuradas com martelo e depois aquecidas? Uma delas tem mais corrosão do que a outra?
5. Investigar o mecanismo de ocorrência de SCC em cada uma das amostras testadas onde ocorreu SCC.
6. Apresenta a tua conclusão sobre esta experiência.

Referências

[1] J. Kruger, "Corrosion of metals: overview," Encycl. Mater. Sci. Technol., pp. 1701-1706, 2001.

[2] R. W. Chantrell et al., "Encyclopedia of Materials: Science and Technology". Elsevier, Amesterdão, 2001.

[3] B. Gu, J. Luo, e X. Mao, "Hydrogen-facilitated anodic dissolution-type stress corrosion cracking of pipeline steels in near-neutral pH solution," Corrosion, vol. 55, no. 01, 1999.

[4] U. Ehrnstén, "Corrosion and stress corrosion cracking of austenitic stainless steels", em Comprehensive nuclear materials, Elsevier, 2012, pp. 93-104.

[5] R. H. Jones, "Stress-corrosion cracking", em Corrosion: fundamentals, testing, and protection, ASM international, 2003, pp. 346-366.

[6] V. S. Raja e T. Shoji, Stress corrosion cracking: theory and practice. Elsevier, 2011.

[7] Z. Hou, S. Xiu, Y. Yao, e C. Sun, "A tensão residual e a transformação martensítica do aço inoxidável 304 na moagem pré-tensão: influência e controlo na SCC induzida por cloreto," J. Mater. Res. Technol., vol. 24, pp. 4601-4617, 2023.

[8] H. Taheri, C. Jones, e M. Taheri, "Assessment and detection of stress corrosion cracking by advanced eddy current array nondestructive testing and material characterization," J. Nat. Gas Sci. Eng., vol. 102, p. 104568, 2022.

[9] B. F. Brown, "The application of fracture mechanics to stress-corrosion cracking," Metall. Rev., vol. 13, no. 1, pp. 171-183, 1968.

[10] E. S. Meresht, T. S. Farahani, and J. Neshati, "Failure analysis of stress corrosion cracking occurred in a gas transmission steel pipeline," Eng. Fail. Anal., vol. 18, no. 3, pp. 963-970, 2011.

[11] W.-W. Wang, J. Luo, L.-C. Guo, Z.-M. Guo, e Y.-J. Su, "Análise de elementos finitos da fissuração por corrosão sob tensão do cobre numa solução amoniacal," Rare Met., vol. 34, pp. 426-430, 2015.

[12] A. Khalifeh, "Danos por fissuração por corrosão sob tensão", em Análise de falhas, IntechOpen, 2019.

[13] F. Hernandez-Valle, A. R. Clough, e R. S. Edwards, "Stress corrosion cracking detection using non-contact ultrasonic techniques," Corros. Sci., vol. 78, pp. 335-342, 2014.

[14] E. I. Meletis e R. F. Hochman, "A review of the crystallography of stress corrosion cracking," Corros. Sci., vol. 26, no. 1, pp. 63-90, 1986.

[15] R. C. Newman e R. P. M. Procter, "Stress corrosion cracking: 1965-1990," Br. Corros. J., vol. 25, no. 4, pp. 259-270, 1990.

[16] R. Latypova, T. Kauppi, S. Mehtonen, H. Hänninen, D. Porter, e J. Kömi, "Novel stress corrosion testing method for high-strength steels," Mater. Corros., vol. 70, no. 3, pp. 521-528, 2019.

[17] T. R. Pinchback, G. A. Wilkinson, e L. A. Heldt, "Stress corrosion cracking of 60/40 cupro-nickel alloy: Fractography and chemical analysis," Corrosion, vol. 31, no. 6, pp. 197-201, 1975.

[18] M. Henthorne, "The slow strain rate stress corrosion cracking test-a 50 year retrospective," Corrosion, vol. 72, no. 12, pp. 1488-1518, 2016.

[19] D. T. Zeitvogel, K. H. Matlack, J.-Y. Kim, L. J. Jacobs, P. M. Singh, e J. Qu, "Characterization of stress corrosion cracking in carbon steel using nonlinear Rayleigh surface waves," Ndt E Int., vol. 62, pp. 144-152, 2014.

[20] W. R. Warke, "Stress-corrosion cracking", em Failure Analysis and Prevention, ASM International, 2002, pp. 823-860.

Capítulo 4

"Proteção catódica"

Por: Mohammad Ghorbani, Negar Dehbashian, Ruhollah Sharifi

A proteção catódica é um método bem estabelecido para o controlo da corrosão e a proteção de estruturas metálicas subterrâneas e subaquáticas, incluindo oleodutos e gasodutos, cabos, linhas de serviços públicos e as fundações de estruturas. São utilizadas numa vasta gama de ambientes, incluindo plataformas petrolíferas, estaleiros navais, cais, navios, condensadores em permutadores de calor, pontes, pavimentos, aeronaves civis e militares e equipamento de transporte terrestre.

Proteção catódica

A corrente de corrosão resulta da diferença de potencial entre os ânodos e cátodos de ação local, levando ao fluxo de electrões. Na reação anódica, os electrões libertados são consumidos na reação catódica. Ao fornecer electrões adicionais a uma estrutura metálica através de corrente eléctrica contínua, a taxa da reação catódica aumenta, reduzindo a taxa da reação anódica. Esta transferência de electrões diminui ou erradica a corrosão e este é o principal objetivo da proteção catódica.

O fornecimento de electrões adicionais por corrente contínua faz com que o potencial da zona catódica suba até ao da região anódica. Quando há corrente contínua suficiente, a diferença de potencial entre o ânodo e o cátodo diminui e, portanto, não há corrosão.

A proteção catódica (PC) é uma técnica de controlo da corrosão que transforma uma estrutura metálica no cátodo de uma célula eletroquímica. Uma delas é o método de fazer com que o metal a proteger seja o cátodo e ligá-lo a outro metal que esteja disposto a atuar como ânodo e a corroer. O metal de sacrifício é corroído enquanto o outro metal que deve ser protegido não é corroído. No caso de condutas longas, em que a proteção catódica galvânica passiva não pode ser aplicada, uma fonte de alimentação eléctrica externa de corrente contínua garante uma quantidade suficiente de corrente. Os sistemas de PC são aplicados para proteger diferentes estruturas metálicas, como condutas, tanques de armazenamento, estacas de cais, cascos de navios, plataformas petrolíferas, fundações de parques eólicos e barras reforçadas em estruturas de betão.

Tipos de proteção catódica

Galvânica

A proteção catódica utiliza um ânodo de sacrifício, normalmente feito de um metal mais reativo do que o metal alvo (normalmente aço) que se destina a proteger. Uma célula galvânica é formada por este ânodo com um potencial de elétrodo mais negativo. Nas construções de betão, o pH mais elevado cria um revestimento de proteção passiva sobre os varões. Para restaurar este ambiente, são utilizados os sistemas galvânicos, em que uma corrente elevada é primeiro utilizada para passivar o aço. Depois disso, com os iões de cloreto negativos a deslocarem-se do aço para o ânodo, é mantida uma corrente mais pequena. Os ânodos, principalmente de zinco, magnésio ou ligas de alumínio, estão activos durante 10-20 anos, com uma corrente mais elevada em condições que agravam a corrosão.
Ao contrário dos sistemas de corrente impressa que polarizam o aço, os sistemas galvânicos funcionam restaurando o ambiente passivo. A corrente flui devido à diferença de potencial entre o ânodo e o cátodo. Durante a fase inicial de corrente elevada, o potencial do aço polariza-se mais negativamente, gerando iões de hidróxido que contribuem para a restauração do betão.
O ânodo do sistema de proteção catódica corrói-se gradualmente e, a dada altura, terá de ser substituído. Os metais do ânodo, como o zinco, o magnésio ou as ligas de alumínio, são selecionados de acordo com a norma ASTM. Mais importante ainda, o metal do ânodo deve ser menos nobre do que o metal protegido na série galvânica para que o sistema funcione. Isto contrasta com os sistemas de corrente impressa que revelam o método único de proteção catódica galvânica.

Proteção catódica por corrente impressa (ICCP)

Os sistemas ICCP são utilizados em diferentes cenários. Alguns dos sistemas de proteção catódica por corrente impressa incluem: Estes sistemas são constituídos por ânodos que são alimentados por uma corrente contínua a partir de uma fonte de alimentação, geralmente um transformador-retificador ligado à corrente alternada. Na ausência de corrente alternada, podem ser utilizadas outras fontes de energia, como a solar, a eólica ou um gerador termoelétrico a gás.

Os ânodos ICCP podem ter a forma de tubos e varetas ou de longas tiras de fios revestidos de alto silício, ferro fundido, carbono grafite, mistura de óxidos metálicos, platina e nióbio. Estes ânodos são dispostos em leitos de solo para condutas e podem ser distribuídos ou localizados em furos verticais profundos, dependendo de factores de conceção e de condições de campo, como a distribuição da corrente.

As unidades transformador-retificador de proteção catódica são fabricadas por medida e são construídas com caraterísticas que incluem monitorização e controlo remoto, interruptores de corrente e diferentes caixas eléctricas.

O terminal negativo CC liga-se à estrutura a proteger, enquanto o cabo positivo CC de saída do retificador se liga aos ânodos. O cabo de alimentação CA é ligado aos terminais de entrada do retificador.

De modo a fornecer corrente suficiente para proteger a estrutura alvo, é essencial otimizar a saída do sistema ICCP. Algumas unidades de transformador-retificador de proteção catódica apresentam enrolamentos de transformador com derivação e terminais de ligação em ponte para selecionar a tensão de saída. Para tanques de água e outras aplicações, as unidades podem incluir circuitos de estado sólido para ajustar automaticamente a tensão de funcionamento para manter a saída de corrente ideal ou o potencial estrutura-eletrólito. São frequentemente instalados contadores analógicos ou digitais para indicar a tensão e a corrente CC (e por vezes CA). Em estruturas complexas, como as estruturas terrestres, os sistemas ICCP são concebidos com várias zonas independentes de ânodos, cada uma das quais com um circuito retificador de transformador de proteção catódica separado.

Experiência 4-1

Objetivo:

Investigação do efeito da proteção catódica na taxa de corrosão

Equipamento necessário:

1. 3 ânodos de Zn com dimensões de $5{\times}2cm^2$ (cada um com um orifício no topo)
2. 3 chapas de aço com dimensões de $5{\times}2cm^2$ (cada uma com um orifício no topo)
3. Elétrodo de cobre/sulfato de cobre
4. NaCl
5. 20% H_2SO_4 para lavagem ácida
6. Multímetro
7. Alimentação eléctrica
8. Solo
9. Recipiente de ensaio
10. 2 folhas de polímero para dividir o solo dentro do recipiente de ensaio
11. Fio de crocodilo
12. Fita adesiva
13. Pinça
14. Balança de alta precisão
15. Frasco de spray
16. Copo de 2000 cc para misturar água salgada e terra

Nota: Após a conclusão da experiência, as amostras que são retiradas do solo devem ser lavadas com ácido, enxaguadas e depois secas para medir com precisão o peso de cada amostra após a experiência. Recomenda-se a utilização de ácido sulfúrico com um inibidor de corrosão para o processo de lavagem ácida. Além disso, ao preparar a água salgada, note que o teor de sal deve ser de 1%em peso do solo, e o teor de água deve ser de 6%em peso do solo. Por exemplo, para 10 quilogramas de solo, são necessários 100 gramas de sal e 600 gramas de água.

Instruções passo a passo:

1. Pesar cada amostra de aço antes de iniciar a experiência.
2. Medir a área de superfície de cada amostra.

3. Divida o recipiente de terra em três secções utilizando folhas de polímero.
4. Preparar a solução de água salgada.
5. Deite a água salgada num frasco de spray e pulverize-a sobre o solo.
6. Misture a terra e a água salgada num copo e depois transfira-a para o recipiente principal. Por fim, divida o solo do recipiente em três secções, utilizando duas folhas de polímero.
7. Agora faça a experiência para os três casos seguintes:

   a) Proteção catódica com dois ânodos de zinco:

   1. Colocar um elétrodo de aço entre dois eléctrodos de Zn e enterrá-los no solo. Os ânodos de Zn devem ser ligados uns aos outros com fios de ligação. Ligar o elétrodo de aço ao fio de ligação dos eléctrodos de Zn.
   2. Para medir o potencial do elétrodo de aço, insira a ponta do elétrodo de referência de cobre/sulfato de cobre no solo perto do ferro e ligue este elétrodo ao terminal COM do multímetro. Além disso, ligue o elétrodo de ferro ao terminal V do multímetro. Note-se que um potencial mais negativo indica efeitos de proteção melhores e mais fortes. O cátodo é (-) e o ânodo é (+).

   b) Proteção catódica com um ânodo de zinco:

   - Ligar um elétrodo de aço a um elétrodo de Zn com um fio de ligação e enterrá-lo no solo.

   c) Amostra de controlo de aço sem proteção catódica:

   1. Enterrar no solo um elétrodo de aço na terceira secção do recipiente.

   2. Durante um período de 10 dias, medir o potencial da amostra de aço em cada secção relativamente ao elétrodo de referência de cobre/sulfato de cobre.

3. Após 10 dias, retirar as três amostras de aço do solo, lavá-las com ácido, enxaguá-las, secá-las e pesá-las.
4. Observar a superfície das amostras de aço num microscópio ótico.

Capítulo Problemas

1. Determinar a taxa de corrosão para cada uma das amostras de aço.
2. Trace a curva potencial-tempo para os tempos: 1 hora, 12 horas, 24 horas, 48 horas, 72 horas, 96 horas, 120 horas e 144 horas.
3. Comparar as imagens microscópicas das amostras de aço.

Referências

[1] A. Bahadori, "Principle of Electrochemical Corrosion and Cathodic Protection," Cathodic Corrosion Protection Systems, pp. 1-34, Jan. 2014, doi: 10.1016/B978-0-12-800274-2.00001-6.

[2] M. Hariharan, S. P. Shamsudheen, N. Varghese, e A. B. Nair, "Application of UPR in pipeline corrosion: protection and applications," in Applications of unsaturated polyester resins, Elsevier, 2023, pp. 309-340.

[3] M. Mobin e S. Zehra, "Corrosion control by cathodic protection," in Electrochemical and Analytical Techniques for Sustainable Corrosion Monitoring, Elsevier, 2023, pp. 265-279.

[4] K. Jüttner, "Escala técnica da eletroquímica", Encyclopedia of Electrochemistry: Online, 2007.

[5] R. Safaeian, R. Sharifi, A. Dolati, e S. Medhat, "Analyzing and design of mesh ribbon cathodic protection for aboveground storage tanks," S Afr J Chem Eng, vol. 45, pp. 51-59, 2023.

[6] M. A. Akcayol e S. Sagiroglu, "Neuro-fuzzy controller implementation for an adaptive cathodic protection on Iraq-Turkey crude oil pipeline," Applied Artificial Intelligence, vol. 21, no. 3, pp. 241-256, 2007.

[7] Z. Ahmad, Principles of corrosion engineering and corrosion control. Elsevier, 2006.

Capítulo 5

"Oxidação de metais e corrosão eletroquímica"

Por: Mohammad Ghorbani, Parham Taghizadegan

Foram feitos progressos significativos nos domínios químico e tecnológico e uma parte importante destes desenvolvimentos são os materiais metálicos. Por conseguinte, a procura de materiais metálicos aumentou. No entanto, o facto de a oxidação dos metais ser um grande desafio na indústria manteve-se inalterado. A resistência dos metais à oxidação e à incrustação é o objeto deste capítulo. A oxidação, o embaciamento e a incrustação dos metais ocorrem quando os metais ou as ligas reagem com materiais oxidantes a diferentes temperaturas.

Há uma grande variedade de condições que podem levar a ataques de oxidantes em metais. A resistência à incrustação é importante desde a exposição ligeira ao ar à temperatura ambiente até às reacções em fornos de alta temperatura. Existem requisitos rigorosos para a resistência à incrustação de materiais metálicos utilizados em aparelhos químicos para reacções de alta temperatura e alta pressão, bem como em turbinas de gás, motores de ar quente, sistemas de propulsão a jato de gás flamejante e caldeiras de vapor de alta pressão.

Embora o ar atmosférico seja o ambiente mais comum, as soluções aquosas (incluindo as águas naturais, a humidade atmosférica e as soluções artificiais) estão mais frequentemente associadas a problemas de corrosão. A condutividade iónica do ambiente provoca reacções químicas. O processo é influenciado por factores como o potencial do elétrodo e a acidez da solução, a temperatura, etc.

Existe uma enorme oxidação dos metais na água e nas soluções aquosas. Como consequência, há uma transição de estados metálicos para não metálicos, principalmente óxidos, quando as superfícies metálicas sofrem duas ou mais reacções. A energia do sistema pode ser reduzida devido a espécies dissolvidas ou a formas sólidas. Um exemplo bem conhecido é o enferrujamento do aço, onde o ferro se converte num produto não metálico que é a sua forma de óxido.

Existe uma força motriz por detrás da corrosão. Não prevê a ocorrência efectiva ou a taxa de alteração. No entanto, pode determinar se os metais permanecem estáveis ou não. As leis que regem as reacções estão relacionadas com a interface metal/ambiente. A compreensão dos princípios fundamentais é essencial para enfrentar os desafios das aplicações práticas.

5.1 Oxidação de metais

A maioria dos metais oxida-se em grande medida quando se encontra na proximidade do ar e a extensão desta oxidação depende do tipo de metal e da temperatura ambiente. A oxidação dos metais é frequentemente rápida nas fases iniciais, mas com o tempo, a taxa de oxidação diminui. Com o tempo, a formação de óxidos nas camadas superficiais do metal impede o oxigénio de chegar ao metal. Assim, a taxa de oxidação diminui com o tempo. A relação entre a espessura da camada de óxido e o tempo pode ser linear, parabólica, logarítmica e logarítmica inversa. A oxidação do cobre no ar e a temperaturas moderadas é um bom exemplo de uma relação do tipo logarítmico, enquanto que a temperaturas mais elevadas segue um crescimento parabólico. Para determinar qual a lei que se aplica a um processo de oxidação de um metal específico em determinadas condições, a espessura da camada oxidada do metal deve ser medida em diferentes intervalos de tempo. Nesta experiência, são descritos dois métodos de medição da espessura da camada de óxido:

1. A primeira forma é utilizar a interferência da luz. Neste método, quando a espessura da camada oxidada atinge cerca de 100 angstroms, ocorre a interferência da luz. Esta ação é realizada quando a diferença de fase entre o caminho de reflexão da luz da superfície do óxido e a reflexão da superfície do metal é igual a $n\lambda/2$. À medida que a espessura da camada aumenta, a interferência é inicialmente ultravioleta, depois azul e, subsequentemente, a luz amarela é reflectida. Outras alterações na espessura da camada provocam uma cor verde e depois uma cor púrpura.
2. O segundo método consiste em medir o aumento de peso do metal, o que determina o aumento de peso resultante da oxidação. Além disso, com base no aumento de peso, é possível determinar a composição química das camadas de óxido. O resultado deste método pode ser verificado dissolvendo quimicamente a camada de óxido e constatando uma diminuição do peso do metal.

Experiência 5-1

Objetivo:

Observar as alterações de cor e medir a espessura da camada de óxido do cobre e do aço macio a altas temperaturas

Equipamento necessário:

1. Uma amostra de aço macio
2. Uma amostra de cobre
3. Queimador de álcool

Instruções passo a passo:

Lixar toda a superfície das amostras de aço macio e de cobre. Em seguida, limpar a sua superfície com um pedaço de algodão embebido em acetona para evitar que a contaminação permaneça. Em seguida, segure uma extremidade de cada amostra com um alicate e aqueça a amostra acima da chama do bico de álcool até que uma camada de óxido a cubra. À medida que as cores forem aparecendo, preste atenção à sua ordem e registe os momentos em que cada cor surge e se repete. Em seguida, compare os resultados obtidos de cada amostra e calcule a espessura de cada camada de óxido.

Experiência 5-2:

Objetivo

Determinação da lei que o cobre segue na oxidação a alta temperatura

Equipamento necessário:

1. Folha de cobre
2. Cadinho
3. Forno com temperatura até 900 C°

Instruções passo a passo:

A partir de uma folha de cobre, cortar 10 amostras com dimensões de cm 2 x 4 cm e, em seguida, limpar a sua superfície, tal como foi feito no ensaio anterior. Na etapa seguinte, pesar cuidadosamente todas as amostras e registar os números. Posteriormente, colocar as amostras num cadinho e, em seguida, colocar o cadinho num forno com uma temperatura de 900° C. Depois, retirar cada uma delas após 10, 20, 30, 40, 50, 60, 70, 80, 100 e 120 minutos, e colocar imediatamente uma cobertura sobre as amostras. Esta ação evita a redução do peso da camada de óxido, que pode ser causada por uma fissura durante o arrefecimento. Após o arrefecimento, pesar cada amostra e determinar:

a) A espessura da camada de óxido
b) A quantidade de cobre que foi oxidada.
c) A lei do cobre segue-se a altas temperaturas
d) A curva de oxidação.

Suponha que a película de óxido de cobre formada tem uma densidade de 6 gr cm^{-3}.

5.2 Corrosão eletroquímica

A corrosão eletroquímica do ferro numa solução de sais dissolvidos pode ser demonstrada pela aplicação de uma gota de cloreto de sódio ou cloreto de potássio numa amostra de ferro. No entanto, a amostra de ferro deve ter uma camada de óxido na sua superfície, de modo que a camada de óxido actua como cátodo, e a parte do ferro exposta à atmosfera torna-se o ânodo, e o eletrólito é a solução que foi deixada cair na superfície da amostra. No cátodo, o oxigénio é absorvido e transformado em hidróxido de sódio, enquanto no ânodo o ferro é convertido em cloreto férrico ($\mathrm{Fe}Cl_3$). Como consequência, o hidróxido de sódio combina-se com o cloreto férrico, produzindo-se hidrato férrico que se deposita nas camadas de óxido. Para tornar a presença dos depósitos visualmente mais distinguível, pode ser adicionado cloreto de sódio adicional. Algumas gotas de ferroxil (uma combinação de ferricianeto de potássio e fenolftaleína) caracterizam estes compostos. Isto deve-se ao facto de algumas gotas de ferroxil ficarem azuis na presença de iões Fe^{2+} e cor-de-rosa na presença de iões hidróxido. Assim, no ânodo e no cátodo observa-se uma coloração azul e rosa, respetivamente. Esta reação resulta na formação de um complexo azul conhecido como azul da Prússia quando o ferro livre está presente. O meio ácido é essencial para dissolver o excesso de ferro sob a forma de iões ferrosos, que depois reagem com o ferricianeto de potássio para produzir a coloração azul visível.

Hexacianoferrato(III) e fenolftaleína. Torna-se azul na presença de iões Fe^{2+} e rosa na presença de iões hidróxido. Pode ser utilizado para detetar a oxidação de metais e é frequentemente utilizado para detetar ferrugem em várias situações. Pode ser preparado dissolvendo 10 g de cloreto de sódio e 1 g de hexacianoferrato(III) de potássio em água destilada, adicionando 10 cm^3 de indicador de fenolftaleína e, em seguida, perfazendo até 500 cm^3 com água destilada.

Na presença da solução de ferroxil, ocorrem reacções anódicas e catódicas na superfície do ferro, que conduzem a uma mudança de cor na solução:

Reação anódica:

Nas regiões anódicas, o ferro (Fe) é oxidado e convertido em iões de ferro (Fe^{2+}):

$$Fe \rightarrow Fe^{2+} + 2^{e-}$$

Estes iões Fe^{2+} Estes iões reagem com o hexacianoferrato(III) de potássio para formar um complexo de cor azul de hexacianoferrato(II):

$$Fe^{2+} + K_3[Fe(CN)_6] \rightarrow KFe[Fe(CN)_6]$$

Este complexo azul é responsável pela mudança de cor para azul.

Reação catódica:

Nas regiões catódicas, o oxigénio dissolvido na água é reduzido, levando à produção de iões hidróxido (OH-):

$$O_2 + 2H_2O + 4e^- \rightarrow 4OH^-$$

Estes iões de hidróxido reagem com a fenolftaleína presente na solução, tornando-a cor-de-rosa.

Como resultado, a presença de iões Fe^{2+} iões faz com que a solução fique azul, enquanto que a presença de OH^- iões faz com que a solução fique rosa.

*Outro exemplo - Corrosão de uma chapa de aço em solução de cloreto de sódio: quando um pedaço de aço macio é imerso verticalmente numa solução de cloreto de sódio 0,1 M, a corrosão será como.

Figura 5-1. As áreas próximas da superfície da solução, ricas em oxigénio, formam o cátodo, enquanto as áreas inferiores, que não estão adjacentes ao oxigénio do ar, formam o ânodo. Como resultado, as partes inferiores são corroídas. Se a amostra permanecer na solução por mais de um dia, a região anódica move-se gradualmente para cima e cobre toda a área localizada abaixo da superfície da solução, e a área catódica está localizada acima da superfície da solução. Após um dia, medir a corrente de corrosão nesta folha. A amostra corroída deve ser cortada na junção das zonas anódica e catódica e as superfícies cortadas devem ser cobertas com cera. Na etapa seguinte, como mostra a **Figura 5-1**, o ânodo e o cátodo devem ser colocados juntos e a corrente deve ser medida com um galvanómetro. De acordo com a lei de Faraday, é possível calcular a quantidade de ferro dissolvido num determinado período. A medição da perda de peso da amostra durante o mesmo período e a sua comparação com o valor calculado confirma a exatidão da corrosão eletroquímica de metais individuais.

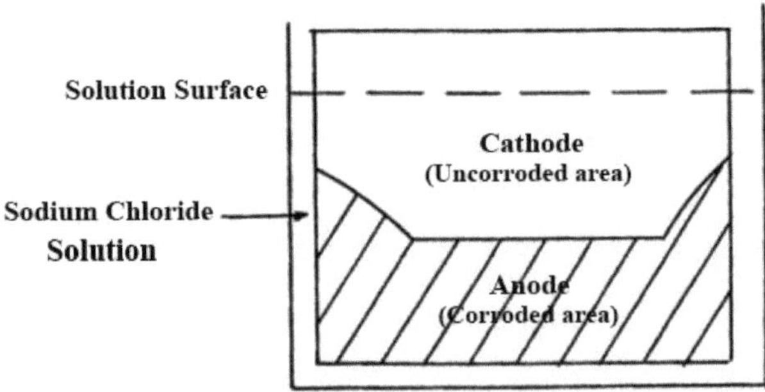

Figura 5-1. Distribuição da corrosão de uma placa de ferro colocada numa solução de cloreto de sódio 0,1 N.

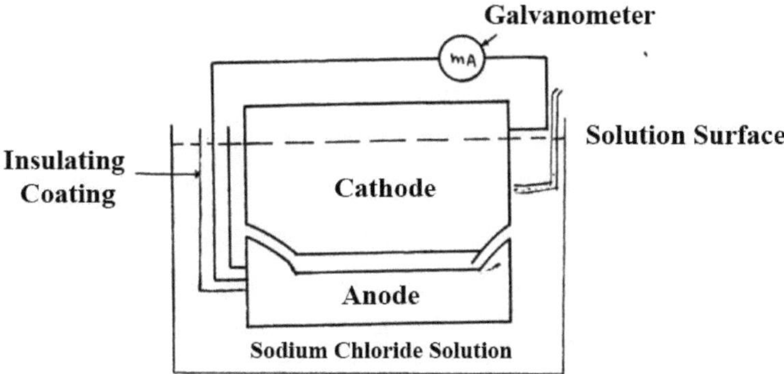

Figura 5-2. Medição da corrente entre as regiões anódica e catódica de uma chapa de ferro colocada numa solução de cloreto de sódio.

Experiência 5-3:

Objetivo:

Observação da formação dos iões Fe (II) através da mudança de cor

Equipamento necessário:

1. Um pedaço de aço macio
2. Solução 0,1 M de cloreto de sódio com solução de ferroxil

Instruções passo a passo:

Lixar um pedaço de aço macio e, em seguida, limpar a sua superfície para limpar qualquer contaminação remanescente. Em seguida, deitar algumas gotas de uma solução 0,1 M de cloreto de sódio contendo ferroxil na superfície da amostra de aço. Observe as mudanças de cor em diferentes áreas da amostra no início e no fim da experiência e explique as razões. O que acontece se aumentarmos a quantidade de oxigénio dissolvido na solução?

Experiência 5-4:

Objetivo:

Investigação da cinética da corrosão do aço

Equipamento necessário:

1. Peça de aço
2. Pedaços de fios
3. Galvanómetro
4. Elétrodo de referência de calomelano
5. Béquer contendo solução de cloreto de sódio 0,1 M

Instruções passo a passo:

Tal como no ensaio anterior, pegar num pedaço de aço liso e dividi-lo em partes, como se mostra na **Figura 5-2**, e aproximar estas duas partes de aço de tal modo que fiquem tangentes uma à outra com uma pequena distância. Prestar atenção para que as duas partes não entrem em contacto uma com a outra. Ligar estas duas amostras a um galvanómetro e certificar-se de que os fios das amostras estão separados o mais possível. Em seguida, colocar a amostra verticalmente num copo contendo uma solução de cloreto de sódio 0,1 M, de modo a que a cabeça da amostra fique no ponto mais alto ou acima da superfície da solução. Em seguida, utilizar o elétrodo de calomelano como elétrodo de referência e utilizar um potenciómetro para se certificar de que a parte inferior da amostra é anódica e a parte superior é catódica. Agora, a partir da corrente indicada no galvanómetro, calcule a quantidade de ferro que é convertida em iões de ferro por hora. Em seguida, coloque um tubo de vidro no topo da amostra, onde estão a fluir bolhas de ar. O que acontece com a corrente de corrosão?

Referências

[1] K. Hauffe, Oxidation of metals. Springer Science & Business Media, 2012.

[2] M. G. Fontana, Corrosion Engineering. New York: McGrow Hill Book Company, 1987.

[3] D. J. Young, High temperature oxidation and corrosion of metals, vol. 1. Elsevier, 2008.

[4] H. H. Uhlig e R. W. Revie, "Corrosion and corrosion control", 1985.

Capítulo 6

"Inibidores de corrosão"

Por: Mohammad Ghorbani, Sara Tahami, Parham Taghizadegan

A corrosão química é perigosa de um ponto de vista prático porque, em muitos casos, o ânodo e os produtos anódicos são solúveis na solução corrosiva, pelo que a reação não pára. Se os produtos anódicos ou catódicos se dissolverem no eletrólito a um ritmo mais lento, a reação que provoca a corrosão é interrompida. Esta ação pode ser realizada através da incorporação de aditivos no eletrólito, que é responsável pela deposição de produtos anódicos ou catódicos no ânodo ou cátodo, através dos quais a corrosão subsequente é regulada.

Para prevenir e minimizar a corrosão e os seus efeitos, existe a utilização de inibidores de corrosão.

Inibidores

De acordo com a NACE International, um inibidor pode ser descrito como "uma substância que retarda a corrosão quando adicionada a um ambiente em pequenas concentrações".

Os inibidores de corrosão são substâncias que, quando adicionadas a um ambiente em que um metal é suscetível de sofrer corrosão, reduzem a taxa de corrosão ou evitam-na. A eficácia dos inibidores depende do metal específico que requer proteção e do ambiente de funcionamento. Além disso, um número notável de inibidores, particularmente os cromatos, têm propriedades tóxicas. Por conseguinte, a sua incorporação é limitada por regulamentos ambientais.

Existe uma variedade de inibidores, tais como inibidores anódicos, catódicos, orgânicos, de precipitação e de fase de vapor.

Os inibidores são materiais que podem interferir com as reacções catódicas ou com as reacções anódicas. Além disso, podem estabelecer uma película protetora na superfície do metal que funciona como uma barreira contra os agentes de corrosão. Além disso, estes inibidores podem atuar através de uma combinação destes mecanismos.

A compreensão estabelecida de como os inibidores funcionam para prevenir ou reduzir a corrosão é:

a) criam uma película fina por adsorção na superfície do material que está a ser corroído,
b) estimulam o desenvolvimento de um produto de corrosão espesso ,
c) alteram as propriedades do ambiente, conduzindo a uma diminuição do seu carácter corrosivo.

Os inibidores podem ser sólidos ou líquidos. A maioria dos inibidores de corrosão está na forma líquida.

Normalmente, os inibidores de corrosão estão sujeitos a limites de temperatura, para além dos quais podem perder a sua eficácia e sofrer transformações químicas. A temperatura limite para um determinado inibidor pode ser variável com base em factores como a pressão e a presença de água.

Normalmente, a coexistência de inibidores de corrosão com outros produtos químicos não causa problemas significativos quando ambos estão presentes em concentrações de ppm (partes por milhão). No entanto, é comum que aqueles que manuseiam estes produtos químicos misturem diferentes tipos de produtos químicos de modo a ter uma única bomba química para injeção.

Muitos produtos apresentam incompatibilidade com inibidores de corrosão devido a variações nos sistemas de solventes, à natureza dos produtos químicos (se são catiónicos ou aniónicos) e a outros factores.

Os factores envolvidos na seleção dos inibidores são os seguintes:

a) Corrosivos presentes
b) Tipo de sistema
c) Pressão e temperatura
d) Velocidade

A escolha de um inibidor depende imensamente da existência de substâncias corrosivas como o sulfureto de hidrogénio (H_2S) e o dióxido de carbono (CO_2). Alguns inibidores apresentam um desempenho ótimo em fluidos doces, enquanto outros são mais eficazes em fluidos ácidos.

Inibidores de passivação

Os inibidores de passivação, tipicamente substâncias químicas oxidantes inorgânicas, incluindo cromatos, nitritos e molibdatos, são adicionados para passivar o metal e deslocar o potencial de corrosão várias décimas de volt para a direção nobre. Se as concentrações destes inibidores de passivação forem subcríticas, então causarão corrosão localizada.

Inibidores do tipo adsorção

Os inibidores do tipo adsorção ou inibidores orgânicos são um tipo de inibidores que formam uma camada na superfície do metal, impedindo assim a dissolução do metal e as reacções de redução. Afectam tanto as reacções anódicas como as catódicas. As aminas e os carboxilatos orgânicos são exemplos desta classe de inibidores.

O tipo de inibidores, que são amplamente utilizados, funcionam criando uma película protetora nas superfícies metálicas. A maioria dos inibidores pertence à categoria das aminas gordas ou dos compostos de amónio quaternário. Os átomos de azoto destas moléculas têm uma carga catiónica pronunciada e sofrem absorção química em locais anódicos presentes na superfície do metal.

Os inibidores de corrosão, conhecidos como aminas de película, são introduzidos em quantidades mínimas para ajudar a gerir a corrosão. No entanto, estes inibidores perdem a sua eficácia a temperaturas superiores a cerca de 175 °C. Isto não é causado pela sua decomposição, mas sim pelo facto de a taxa de dessorção começar a ultrapassar a taxa de adsorção.

Inibidores de corrosão em fase de vapor

Os inibidores de corrosão voláteis (VCIs), ou inibidores de corrosão em fase de vapor, assemelham-se aos inibidores do tipo adsorção orgânica. Caracterizam-se pela sua pressão de vapor moderada, que lhes permite proteger a corrosão atmosférica dos metais sem terem de ser aplicados diretamente na superfície do metal. Os ICV demonstram a sua eficácia, particularmente em espaços confinados e fechados.

A vantagem dos inibidores de fase de vapor é que as moléculas podem chegar a locais de difícil acesso, normalmente encontrados em invólucros eléctricos e electrónicos, entre duas flanges de metal e outros sistemas semelhantes.

Inibidores anódicos

Os inibidores anódicos afectam e impedem as reacções anódicas e diminuem a taxa a que os iões metálicos são transferidos para o meio aquoso. Os inibidores anódicos são normalmente inorgânicos. A utilização de inibidores anódicos leva a que a taxa de corrosão geral diminua a um ritmo muito rápido. Mas é necessário notar que, quando a concentração de inibidores anódicos é inferior a uma concentração crítica, podem causar ataques localizados de pites. Assim, a aplicação de tais abordagens deve ser feita com cautela.

Inibidores catódicos

Os inibidores catódicos são utilizados para diminuir a velocidade da reação catódica, por exemplo, a reação de redução do oxigénio. Diminuem a corrosão através da inibição deste processo de redução do oxigénio. Além disso, esta categoria de inibidores é conhecida por reduzir a corrosão geral sem estimular ataques por pite. No entanto, em comparação com os inibidores anódicos, os inibidores catódicos são menos eficazes na redução da corrosão.

Os inibidores precipitantes são classificados como inibidores catódicos. Estes inibidores formam películas insolúveis no cátodo quando o pH é localmente elevado, isolando assim o cátodo da solução.

Em geral:

a) Os inibidores catódicos impedem a reação catódica, por exemplo:

$$2H^+ \rightarrow H_2 + 2e^-$$

b) Os inibidores anódicos, por outro lado, limitam a reação anódica, por exemplo:

$$Fe \rightarrow Fe^{2+} + 2e^-$$

Os inibidores de adsorção previnem a corrosão estabelecendo uma barreira física na superfície do metal para.

Efeitos do inibidor em termos de polarização

Os inibidores são espécies que diminuem i_o (densidade da corrente de troca) e/ou aumentam β (declive de Tafel). Os inibidores, se actuarem por adsorção na superfície, podem potencialmente afetar a densidade da corrente de troca ou o declive de Tafel (β). Além disso, o seu impacto pode resultar numa redução da área de superfície ativa acessível à reação anódica ou catódica.

No caso de um inibidor anódico, se uma redução na densidade da corrente de troca for atribuída à adsorção, que limita eficazmente a área de superfície ativa, então, se a área anódica não for totalmente coberta pelo inibidor, a relação entre a área do cátodo e a do ânodo pode aumentar significativamente. Como resultado, pode ocorrer a formação de pites graves nos ânodos expostos.

Teoria da isotérmica de Langmuir

De acordo com a teoria da isoterma de Langmuir, o inibidor é adsorvido na superfície do metal, de modo a impedir o ataque ácido nesses locais. Langmuir supôs que as moléculas adsorvidas cobrem o metal até se formar uma camada completa de uma molécula, após o que não há mais adsorção. A isotérmica de Langmuir pode ser obtida da seguinte forma:

Suponhamos que θ é a parte da superfície metálica que é coberta pelas moléculas absorvidas em qualquer momento. Agora dizemos que a taxa de evaporação das moléculas da superfície metálica é proporcional a θ ou K_1θonde K_1 é a constante de temperatura. A taxa de condensação das moléculas na superfície do metal é proporcional à superfície previamente descoberta (1- θ. Depende também da velocidade com que as moléculas atingem a superfície do metal e esta velocidade varia diretamente com a concentração de moléculas na fase que envolve o ambiente em torno das moléculas adsorvidas (C). Por conseguinte, a velocidade de mistura é igual a (1- θ) K_2.

No equilíbrio, as taxas de evaporação e condensação são iguais:

$$K_1\theta = (1 - \theta) \,.\, K_2C \qquad \textbf{(Equação 6-1)}$$

A Equação 6-1 pode ser simplificada para:

$$\theta = \frac{K_2C}{K_1+K_2C} \qquad \textbf{(Equação 6-2)}$$

A relação acima é denominada isotérmica de Langmuir que, em diferentes condições, pode ser simplificada da seguinte forma

a) Em baixas concentrações de inibidores: $K_1 \gg K_2C$ assim $\theta \cong \frac{K_2C}{K_1}$. Isto é, θ depende da concentração do inibidor.
b) Em concentrações elevadas de inibidor $K_2C \gg K_1$. Como resultado: $\theta \cong 1$. Ou seja, 0 não é afetado pelo aumento da concentração do inibidor.
c) Em concentrações moderadas, a equação $\theta \times C^{1/m}$ é verdadeira.

Agora, se V_0 é a velocidade de ataque no caso de C = 0 e V é a velocidade de ataque no ácido que contém o inibidor com a concentração de C, nesse caso:

$\frac{V_0-V}{V_0}$ = Variação relativa da velocidade de ataque devido ao inibidor **(Equação 6-3)**

E é igual a θque é uma parte da área de superfície que está coberta com moléculas de inibidor adsorvidas em qualquer momento. Por conseguinte, pode deduzir-se que:

$$\frac{V_0-V}{V_0} = \frac{K_2C}{K_1+K_2C} = \frac{AC}{1+AC} \qquad \textbf{(Equação 6-4)}$$

Em que A= $\frac{K_2}{K_1}$. Assim, após um rearranjo**, a Equação 6-4** tornar-se-á:

$$V = \frac{V_0}{1+AC} = V_0(1 + AC)^{-1} = V_0(1 - (AC) + (AC)^2 - (AC)^3 + (AC)^4 - \cdots)$$

(Equação 6-5)

Para valores baixos de C, obtém-se a seguinte relação linear:

$$V = V_0(1 - AC) \qquad \textbf{(Equação 6-6)}$$

Traçar a curva V-C. Obtenha A a partir do declive da parte linear e determine a concentração óptima do inibidor a partir dos resultados.

Experiência 6-1

Objetivo:

Investigação dos efeitos inibitórios do cromato e do carbonato como inibidores de corrosão

Equipamento necessário:

1. Uma chapa de aço-carbono simples com dimensões de 7.6 cm × 20 cm
2. Solução 0,1 M de cloreto de sódio
3. K_2CrO_4 solução
4. Na_2CO_3 solução
5. Potenciómetro

Instruções passo a passo:

1. Lixar a peça de aço-carbono liso com as dimensões de 7.6 cm × 20 cm.
2. São necessários 20 ml de cada uma das seguintes soluções:
    a. 0,1M (NaCl) + (0,003, 0,005, 0,01, 0,015, 0,03, 0,1, 0,3 M (K_2CrO_4))
3. Da mesma forma, são necessários 20 ml de cada uma das seguintes soluções:
    a. 0,1M (NaCl) + (0,003, 0,005, 0,01, 0,015, 0,03, 0,1, 0,3 M (Na_2CO_3))
4. Utilizar água destilada para preparar cada uma das soluções acima referidas.

5. Deitar agora três gotas das soluções acima referidas e também da solução pura de NaCl sobre a chapa de aço.
6. A folha deve ser colocada num recipiente de vidro coberto com outra tampa de vidro e os bordos devem ser selados com algodão.
7. Observe as alterações que ocorrem nas gotas e observe também o estado das gotas após 24 horas.

Experiência 6-2

Objetivo:

Investigação do efeito do cromato e do carbonato como inibidores de corrosão no potencial de corrosão

Equipamento necessário:

1. chapas de aço-carbono simples com dimensões de 5 cm × 2.5 cm
2. 0,1 M de solução de cloreto de sódio
3. K_2CrO_4 solução
4. Potenciómetro

Instruções passo a passo:

1. Limpar e desengordurar as chapas de aço (5 cm × 2.5 cm) como na primeira experiência.
2. Utilize um potenciómetro e determine as variações do potencial de aço em função do tempo em três soluções:
   a) 0,1 M NaCl
   b) 0.3 M K_2CrO_4+ NaCl 0,1 M
   c) a solução com o efeito inibitório mais elevado da primeira experiência.
3. Medir as variações de potencial das amostras em relação ao elétrodo de calomelano padrão (SCE) e, em seguida, traçar a curva das variações de potencial medidas em função do tempo e relacionar os resultados com as observações da primeira parte.

Experiência 6-3

Objetivo:

Avaliação do efeito inibitório da urotropina sobre o ataque do ácido clorídrico ao aço carbono simples.

Equipamento necessário:

1. 12 chapas de aço-carbono liso com dimensões de 5 cm × 2 cm
2. Solução de HCl a 15%
3. Inibidor da urotropina
4. Tubos de ensaio

Instruções passo a passo:

1. Preparar 12 amostras (5 cm × 2 cm) de chapa de aço-carbono lisa laminada da seguinte forma:
2. Lixar as amostras e desengordurá-las com acetona, depois lavá-las com ácido com uma solução de HCl a 15%. (Imergir as amostras em HCl a 15% durante 1 minuto) .
3. Em seguida, retirar as amostras do ácido. Lave-as com água destilada e desengordure-as novamente com acetona. Ter muito cuidado na preparação das amostras, para que a sua superfície fique limpa e cinzenta e não se vejam vestígios de ferrugem. Agora, pesar as amostras com a maior exatidão possível.
4. Encher 1/3 da capacidade dos tubos com soluções de HCl a 20% e HCl a 20% com inibidor de urotropina com concentrações de 0,005M, 0,01M, 0,05M e 0,01M.
5. Verter cada solução em dois tubos de ensaio. Colocar amostras simples de aço-carbono nestes tubos e aquecer cada uma delas a uma temperatura de 60° C durante exatamente 100 minutos. O melhor método é colocar as amostras em intervalos de um minuto. Retirar com os mesmos intervalos.
6. Lavar rapidamente a amostra, secá-la com acetona e pesá-la. Trace as curvas que mostram a taxa de corrosão versus a concentração do inibidor. A taxa de

corrosão é medida em termos de perda de peso por unidade de área por unidade de tempo (minuto).

$$\mathrm{MPY} = \frac{534\Delta W}{DAT} \qquad \textbf{(Equação 6-7)}$$

MPY: Taxa de corrosão C

ΔW: Perda de peso (mgr)

D: Ddensidade (g/cm^3)

A: Área total (in^2)

T: Duração da experiência (h)

Referências

[1] E. E. Stansbury e R. A. Buchanan, *Fundamentals of electrochemical corrosion.* ASM international, 2000.

[2] A. Rahimi *et al.*, "Bio-based and self-catalyzed waterborne polyurethanes as efficient corrosion inhibitors for sour oilfield environment," *Journal of Industrial and Engineering Chemistry*, vol. 123, pp. 170-186, 2023.

[3] V. S. Sastri, *Corrosion inhibitors: principles and applications*, vol. 1. Wiley New York, 1998.

[4] I. Langmuir, "The adsorption of gases on plane surfaces of glass, mica and platinum.", *Journal of the American Chemical society*, vol. 40, no. 9, pp. 1361-1403, 1918.

[5] M. S. Bejandi, M. H. Behroozi, M. R. Khalili, R. Sharifi, A. A. Javidparvar, e E. Oguzie, "Pharmaceuticals for materials protection: Experimental and computational studies of expired closantel drug (C22H14Cl2I2N2O2) as a potent corrosion inhibitor," *Journal of Industrial and Engineering Chemistry*, vol. 131, pp. 662-675, 2024.

[6] M. A. Vannice e W. H. Joyce, *Kinetics of catalytic reactions*, vol. 134. Springer, 2005.

[7] E. W. Flick, "Corrosion Inhibitors: an Industrial Guide", *Noyes Publications (USA), 1993,* p. 341, 1993.

Capítulo 7

"Revestimento de aço com Zn e Sn e investigação dos efeitos do revestimento na taxa de corrosão"

Por: Mohammad Ghorbani, Amirhossein Hamdollahi, Ruhollah Sharifi

O revestimento é essencialmente uma elipse ou película de um novo material que é aplicado à superfície de um material a granel, e pode ter propriedades físicas, químicas ou mecânicas diferentes em comparação com este, de modo a proporcionar condições ambientais e de serviço adequadas para o material.

Dependendo da aplicação a que se destina, espera-se que um revestimento adequado apresente várias propriedades. Um revestimento adequado deve apresentar propriedades como resistência à corrosão, resistência ao desgaste, elevada dureza, propriedades catalíticas adequadas, tolerância a tensões mecânicas e resistência adequada, cada uma delas especificamente adaptada às condições de serviço do componente. Nem todas as propriedades descritas podem ser combinadas num único revestimento. As condições de funcionamento do componente definirão a propriedade ou propriedades necessárias e, por conseguinte, o revestimento adequado para o material a granel.

Outras razões que favorecem grandemente a utilização de revestimentos envolvem a melhoria das propriedades químicas, que podem ser mecânicas, físicas ou ópticas, dentro do material a granel. Considerações como a poupança no consumo de material, a viabilidade económica, o aumento do valor intrínseco do componente final e as melhorias estéticas sublinham a necessidade imperativa dos revestimentos. Ocasionalmente, o fabrico de um componente a granel com propriedades específicas adaptadas a uma determinada aplicação parece formidável e impraticável. Nesses casos, a aplicação estratégica de um revestimento com os atributos desejados no componente a granel permite a fusão de propriedades, optimizando o desempenho para a aplicação pretendida.

Na fase inicial, um revestimento adequado deve apresentar resistência mecânica, ser resistente às tensões produzidas mecanicamente pelo substrato e manter a sua integridade estrutural original. Os factores que contribuem para a resistência mecânica dos revestimentos são a aderência do revestimento ao substrato, a congruência dos coeficientes de expansão térmica entre o revestimento e o substrato e quaisquer outros factores aplicáveis.

Aplicado a uma vasta gama de indústrias, o uso de revestimentos metálicos sempre foi de extrema importância, onde um dos principais focos tem sido o de causar atraso ou, por outras palavras, prevenir a corrosão. Neste trabalho serão abordadas algumas das diferentes técnicas utilizadas na proteção de metais. Em seguida, descreve-se o trabalho experimental, que foi planeado com determinados objectivos em mente, para os quais os resultados foram analisados em pormenor.

7.1 Proteção dos metais

Esta secção examina os fundamentos da proteção de metais contra a corrosão. De um modo geral, podemos classificar os métodos de proteção de metais em três grupos principais:

a) Revestimentos catódicos
b) Revestimentos anódicos
c) Revestimentos passivos

Os revestimentos passivos, entre as categorias mencionadas, fazem parte principalmente da família dos revestimentos anódicos. No entanto, examinaremos cada uma delas separadamente devido ao aparecimento de propriedades distintas dentro delas.

Revestimentos catódicos

Como os seus nomes indicam, todos estes revestimentos desempenham um papel catódico, no qual o metal do substrato actua como ânodo. Isto significa que, em casos de abrasão nestes revestimentos, se o metal com o revestimento sofrer condições corrosivas, o metal actuará como um ânodo e corroerá, enquanto o revestimento será imune à corrosão.

Os revestimentos são aplicados para proteção contra a corrosão do metal de base. Enquanto o revestimento estiver em boas condições, os revestimentos catódicos exercem uma proteção eficaz. Se o revestimento for danificado e o metal e o revestimento forem expostos ao mesmo tempo aos agentes oxidantes, o revestimento assume o papel catódico. Isto torna o metal mais suscetível de enferrujar no seu papel anódico.

Em termos gerais e concisos, os pontos-chave que se seguem merecem atenção no que respeita aos revestimentos catódicos:

a) O revestimento actua como cátodo e o metal primário serve como ânodo.
b) O metal usado obstrui o acesso do agente corrosivo ao metal primário.
c) No caso de um risco ou fissura no revestimento, o metal primário funciona como ânodo, levando à corrosão.

Entre os revestimentos catódicos, os exemplos incluem o revestimento de cobre sobre ferro e o revestimento de chumbo sobre ferro.

Revestimento de cobre em substrato de ferro

Utilizando o potencial de redução padrão para estes dois metais e a equação de Nernst com a temperatura fornecida, pode ser traçada uma curva de polarização para estes dois metais. Isto reflecte que o revestimento de cobre é o cátodo e o substrato de ferro é o ânodo. Este conceito pode ser compreendido com base nos potenciais de redução padrão e nos seguintes cálculos pormenorizados em condições padrão:

a) Reação anódica: $Fe \rightarrow Fe^{2+} + 2e^-$ $\quad E^{o}_{(Fe^{2+}/Fe)} = -0.44\ V$
b) Reação catódica: $Cu^{2+} + 2e^- \rightarrow Cu$ $\quad E^{o}_{(Cu^{2+}/Cu)} = +0.34\ V$
c) Reação líquida: $Cu^{2+} + Fe \rightarrow Cu + Fe^{2+}$ $\quad E^{o}_{Reaction} = +0.34 - (-0.44) = 0.78\ V$

O princípio da densidade de corrente mista

Por este princípio, a razão entre a área da superfície do cátodo e a do ânodo é, portanto, diretamente proporcional à densidade de corrente que atravessa a secção do ânodo, o que será justificado nos cálculos seguintes. Isto pode ser deduzido pelas seguintes equações:

$$i = \frac{I}{A} \qquad \textbf{(Equação 7-1)}$$

$$\sum I_{Anodic} = \sum I_{Cathodic} \quad \textbf{(Equação 7-2)}$$

Com base na **Equação 7-1** e na **Equação 7-2**, obtém-se o seguinte resultado

$$i_{Anode} \times A_{Anode} = i_{Cathode} \times A_{Cathode} \Rightarrow i_{Anode} = i_{Cathode} \times \frac{A_{Cathode}}{A_{Anode}}$$

(Equação 7-3)

Quando os revestimentos catódicos são desgastados, põem em contacto uma área muito pequena do metal exposto, conhecida como região anódica, com uma grande área superficial do revestimento, conhecida como região catódica. Assim, a relação entre a superfície catódica e a anódica é muito elevada. Por conseguinte, com este rácio elevado, a densidade de corrente na região anódica é muito maior, aumentando a taxa de corrosão do ânodo (metal do substrato). Uma desvantagem destes revestimentos é o facto de, quando ocorre abrasão, o metal do substrato se corroer rapidamente.

Proteção anódica:

A proteção anódica recebe este nome porque, neste tipo de revestimento, o revestimento actua como ânodo, enquanto o substrato metálico actua como cátodo. Em princípio, enquanto o revestimento se mantiver intacto, protege o metal. No entanto, se o revestimento sofrer abrasão ou qualquer outro tipo de dano que o exponha a condições corrosivas, ele assume um papel anódico. A corrosão ocorre no revestimento, com o metal do substrato a adotar o papel catódico e a permanecer livre de corrosão.

Eis um resumo dos elementos essenciais da proteção anódica:

a) O revestimento actua como ânodo e o metal primário serve como cátodo.
b) O revestimento corrói nas descontinuidades da superfície, protegendo o metal.
c) Um tipo específico de proteção anódica, conhecido como revestimento passivo, forma um óxido altamente estável que inibe a corrosão.

Exemplos como o revestimento metálico sobre ferro e o revestimento de crómio sobre ferro (revestimento passivo) ilustram casos em que o revestimento actua como ânodo e o metal do substrato serve como cátodo.

Revestimento de zinco metálico sobre ferro metálico (ferro galvanizado):
Se considerarmos o potencial de redução padrão de ambos os metais, o revestimento, neste caso o zinco, actuará como um ânodo, o que, em caso de danos e desgaste, o expõe à ação de agentes oxidantes, enquanto o ferro do substrato metálico actuará como um cátodo. Este conceito pode ser compreendido com base nos potenciais de redução padrão e nos seguintes cálculos pormenorizados em condições padrão:

a) Reação anódica: $Zn \rightarrow Zn^{2+} + 2e^-$ $\quad E^o_{(Zn^{2+}/Zn)} = -0.76\ V$

b) Reação catódica: $Fe^{2+} + 2e^- \rightarrow Fe$ $\quad E^o_{(Fe^{2+}/Fe)} = -0.44\ V$

c)

d) Reação líquida: $Fe^{2+} + Zn \rightarrow Fe + Zn^{2+}$ $\quad E^o_{Reaction} = -0.44 - (-0.76) = 0.32\ V$

Tipos de revestimentos metálicos:
De um modo geral, podemos classificar os revestimentos metálicos em diferentes classes:

1. Galvanoplastia
2. Imersão a quente
3. Pulverização de metais
4. Revestimento
5. Processos de cimentação
6. Revestimento a vapor

Esta experiência utiliza o método de galvanoplastia para a deposição do revestimento. Além disso, é importante mencionar que o método de imersão a quente só funciona com metais ou ligas com pontos de fusão baixos. Este método mergulha o substrato metálico, normalmente aço, num banho do metal de revestimento pretendido.

Quando colocamos o substrato metálico numa célula eletroquímica para galvanoplastia, o revestimento existente no eletrólito acaba por se depositar no substrato metálico ao fechar o circuito elétrico, formando o revestimento desejado. Este método pode produzir uma grande variedade de revestimentos.

A pulverização de metal envolve a utilização de uma pistola de pulverização para fundir e projetar pequenas gotículas de metal sobre a superfície alvo a revestir. À semelhança da pulverização, aplicamos este método utilizando várias técnicas que diferem em factores como a temperatura da chama, a velocidade de pulverização e outros parâmetros.

A preparação de revestimentos de alumínio e zinco utiliza principalmente o método de pulverização catódica. Este processo envolve a imersão do metal do substrato numa mistura de pó metálico e um fluxo a temperaturas elevadas que facilitam a penetração. Por fim, forma-se o revestimento desejado. Nas secções seguintes, descrevemos os passos envolvidos em quatro experiências distintas e examinamos os resultados.

Experiência 7-1

Objetivo:

Revestimento de Zn e Sn em amostras de aço e comparação entre si

Equipamento necessário:

1. Dez chapas de aço
2. Acetona
3. Lixa
4. Estanho fundido
5. Zinco fundido
6. Solução de fluxo

Instruções passo a passo:

1. Para iniciar o processo experimental, dez chapas de aço macio são submetidas a uma abrasão com lixa, seguida de uma aplicação de revestimento de solda de estanho.
2. Após a limpeza, mergulhamos estas amostras numa solução de fluxo que contém cloreto de amónio e ácido clorídrico. Esta solução de fluxo específica tem como objetivo eliminar quaisquer camadas de óxido presentes na superfície do metal, garantindo um substrato ideal para o revestimento.
3. Em seguida, introduzimos cinco amostras revestidas de estanho em chumbo fundido a uma temperatura entre 300 e 350° C. Um fluxo, uma mistura de cloreto de amónio e cloreto de sódio, reveste a superfície do chumbo fundido. Após o revestimento de chumbo, as amostras são submetidas a uma fase de arrefecimento, seguida de uma lavagem completa com água para eliminar qualquer fluxo residual.
4. Simultaneamente, mergulhamos outro conjunto de cinco amostras revestidas de estanho num banho de zinco fundido, certificando-nos de que a temperatura do banho é inferior a 450° C. O cloreto e o cloreto de amónio, semelhantes ao revestimento de chumbo, também revestem este banho de zinco fundido, actuando como um fundente.
5. Relativamente ao tempo exato para a extração de amostras dos banhos de zinco e estanho fundidos, é de salientar que, em cada caso, três amostras são retiradas após vinte segundos, uma amostra após quarenta segundos e a última amostra após sessenta segundos de imersão no banho.
6. Seguindo a metodologia, seleccionamos duas amostras, uma com revestimento de zinco e outra com revestimento de estanho, e submetemos cada uma delas a um período de imersão idêntico de precisamente vinte segundos. De seguida, criamos meticulosamente uma ranhura profunda no centro de cada amostra. Finalmente, mergulhamos a amostra revestida de zinco e a amostra revestida de estanho galvanizado numa solução de cloreto de sódio para observar o comportamento dos revestimentos. Repetimos a experiência utilizando uma solução indicadora de fluoresceína em vez da

solução salina. Finalmente, introduzimos uma amostra de aço não tratada na solução para análise comparativa e registamos os resultados.

7.2 Medição da espessura do revestimento

A espessura de um revestimento influencia significativamente a sua qualidade e caraterísticas. Estão disponíveis diferentes métodos destrutivos e não destrutivos para determinar a espessura do revestimento. Na Alemanha, medimos normalmente a espessura de revestimentos formados electroquimicamente em microns, expressamos a espessura de revestimentos por imersão em gramas por metro quadrado e quantificamos a espessura de revestimentos aplicados mecanicamente como uma percentagem por volume.

As tabelas disponíveis permitem a conversão das unidades de medição da espessura do revestimento mencionadas entre si. Existem várias ferramentas de medição para calcular a espessura do revestimento, empregando métodos mecânicos e eléctricos. No entanto, apenas discutimos aqui métodos simples, que são aplicáveis a qualquer laboratório com diferentes graus de disponibilidade de equipamento.

Nesta experiência, a primeira parte tem como objetivo medir a espessura do revestimento de estanho em chapas de aço, enquanto a segunda parte se centra na medição da espessura do revestimento de zinco ou cádmio em chapas de aço através da medição do tempo de evolução do gás.

Experiência 7-2

Objetivo:

Determinação da espessura do revestimento de estanho no aço.

Equipamento necessário:

1. Solução de decapagem
2. Acetona
3. Pinça

Instruções passo a passo:

1. Para preparar uma solução de decapagem adequada, utilizar tabelas específicas. Por exemplo, diluir 840 ml de ácido clorídrico concentrado para um litro e, em seguida, adicionar 20 gramas do composto Sb O_{23} à solução.
2. Medimos as dimensões da amostra e desengorduramo-la com solda de estanho. Depois de a amostra ter secado, calculamos a sua massa utilizando uma balança.
3. Após imersão das amostras na solução de decapagem durante um minuto, ou até não se formarem mais bolhas, retirar as amostras.
4. Depois de secar novamente as amostras, calculamos novamente a sua massa e comunicamos a diferença de massa.
5. Agora, podemos determinar a espessura do revestimento dividindo a perda de peso pela área da secção transversal e pela densidade.

Nota: Este método também pode calcular a espessura do revestimento de estanho, mas para evitar a corrosão do ferro durante a remoção do estanho, adicione um inibidor de corrosão como a piridina ou a quinolina ao ácido clorídrico. Neste caso, a concentração de ácido clorídrico é de 10% e a concentração do inibidor é de 1 ml/33 ml.

Experiência 7-3

Objetivo:

Determinação da espessura do estanho ou cádmio através do cálculo do tempo de evolução do gás

Equipamento necessário:

1. Solução de decapagem

2. Cronómetro

Instruções passo a passo:

1. Em primeiro lugar, preparar a solução de decapagem misturando dez gramas de sulfato de níquel com cem mililitros de ácido clorídrico.
2. Após a imersão da amostra na solução, anotar os tempos de início e fim da libertação de bolhas.
3. Finalmente, ao quantificar a duração da libertação de gás (bolhas), é possível medir a espessura dos revestimentos utilizando as curvas associadas a este método.

Experiência 7-4

Objetivo:

Determinação da porosidade de revestimentos de zinco e cádmio em aço

Equipamento necessário:

1. Sulfato de cobre
2. Ácido clorídrico

Instruções passo a passo:

1. Pode testar os revestimentos de cádmio com uma solução de ácido clorídrico a 15%. Depois de mergulhar a amostra e de a retirar, utilizar uma escova para limpar as bolhas na sua superfície. Aparecem pequenos orifícios na superfície do revestimento. É evidente que estes buracos já estavam presentes na superfície da carroçaria e que agora se tornaram ligeiramente mais visíveis devido à solução diluída de ácido clorídrico. Este método não remove o revestimento e a medição do número de orifícios numa pequena secção permite-nos determinar a densidade superficial das porosidades do revestimento.
2. Utilizar uma solução de sulfato de cobre para revestimentos de zinco. Numa primeira fase, dissolver cinco gramas de sulfato de cobre em noventa e cinco mililitros de água. Repetir os passos anteriores e observar o aparecimento de buracos com a formação de depósitos de cobre vermelho (especificar a razão).

Por fim, podemos calcular e comunicar a densidade superficial das porosidades do revestimento, tal como fizemos para os revestimentos de cádmio.

Capítulo Problemas

1. Comparar a resistência à corrosão das amostras revestidas com as não revestidas.
2. Comparar amostras imersas numa solução salina com amostras imersas numa solução de ferroxil.
3. Calcular a espessura do revestimento para cada amostra.
4. Para cada tipo de revestimento, traçar as curvas de variação da espessura ao longo do tempo.
5. Existe alguma diferença na forma como a espessura de dois tipos de revestimentos aumenta?
6. Descrever as condições óptimas necessárias para a aplicação do revestimento.
7. Enumere e explique brevemente os vários tipos de revestimentos que conhece.
8. Mencionar outros métodos de medição da espessura do revestimento e dar explicações sobre os mesmos.

Referências

[1] M. G. Fontana, Corrosion Engineering. New York: McGrow Hill Book Company, 1987.

[2] R. F. Bunshah, Handbook of deposition technologies for films and coatings: science, applications and technology. William Andrew, 1994.

[3] D. R. Gabe, Principles of Metal Surface Treatment and Protection: Pergamon International Library of Science, Technology, Engineering and Social Studies: Série Internacional em Ciência e Tecnologia de Materiais. Elsevier, 2014.

[4] H. E. Townsend, "Continuous Hot Dip Coatings," in ASM Handbook: Volume 5: Surface Engineering, 9ª ed., ASM International, 1994, pp. 1058-1081.

Capítulo 8

"Investigação do Comportamento de Corrosão por Teste de Polarização"

Por: Mohammad Ghorbani, Sima Sirjani, Ruhollah Sharifi

A eletroquímica é uma divisão da química que estuda a ligação entre a eletricidade e as reacções químicas. Um instrumento analítico geral chamado potencióstato, um dispositivo que controla a tensão entre um elétrodo e uma solução electrolítica para medir as correntes eléctricas numa célula eletroquímica, é importante na investigação eletroquímica. Isto permite examinar mais detalhadamente as reacções de oxidação e redução. A utilização do potencióstato para controlar a tensão e a corrente é benéfica na análise de sistemas electroquímicos. O potencióstato é utilizado em métodos como a espetroscopia de impedância, a voltametria e a cronoamperometria para caraterizar as caraterísticas eléctricas dos materiais, determinar a forma como são depositados e verificar as suas capacidades anticorrosivas.

Polarização

As medições de polarização são uma ferramenta de investigação crucial para a investigação de vários fenómenos electroquímicos. Permitem investigar os mecanismos de reação e a cinética que contribuem para a corrosão e a deposição de metais. A polarização significa a variação dos potenciais do elétrodo em relação aos seus valores padrão no decurso de reacções electrolíticas.

Devido aos seus potenciais reversíveis, o potencial do ânodo é tipicamente mais positivo e o potencial do cátodo é mais negativo. Os efeitos práticos da polarização incluem a redução da tensão nas baterias, o aumento das tensões celulares necessárias para a eletrólise e a redução da corrente de saída. Fundamentalmente, a polarização é uma divergência cinética do equilíbrio devido ao fluxo de corrente líquida através de uma célula eletroquímica. Manifesta-se tanto no ânodo (anódica) como no cátodo (catódica), embora predomine a polarização catódica. A polarização tem um grande impacto nos processos de corrosão. A polarização catódica diminui sempre as taxas de corrosão ao desviar a cinética da meia-reação catódica do equilíbrio. A proteção catódica induz propositadamente a polarização catódica para retardar os danos causados pela corrosão.

Os três principais mecanismos de polarização incluem a concentração, a resistência e a ativação. A polarização por concentração é devida a estrangulamentos difusionais, que resultam em gradientes de iões perto das superfícies dos eléctrodos. A taxa a que os iões passam através destes estrangulamentos de transporte torna-se frequentemente o fator determinante da taxa em muitas reacções electroquímicas. Em regra, isto é importante para a galvanoplastia e a corrosão. A agitação mecânica ou o aquecimento do eletrólito reduzem estes efeitos de difusão. A polarização por resistência segue a lei de Ohm, na medida em que as quedas de tensão resultantes da resistência da solução entre os elementos da célula e as películas superficiais de natureza resistiva impedem a cinética da reação. Se as etapas de transferência de carga ocorrerem em série, então existe uma polarização por ativação. A reação é geralmente limitada pela fase mais lenta, envolvendo transferências de electrões, e dá origem a sobretensões de ativação mensuráveis.

Potenciómetro

Tem sido necessário utilizar e analisar instrumentos de medição e análise, uma vez que estes têm contribuído muito para melhorar a inovação tanto nas indústrias como nas instituições. Estas ferramentas não só ajudam a melhorar a nossa compreensão das questões científicas e técnicas, como também permitem a identificação, medição e caraterização de acontecimentos que não podem ser vistos, tocados, ouvidos, provados ou cheirados. Um dos tipos de dispositivos analíticos são os potencióstatos, que têm desempenhado um papel significativo no desenvolvimento da eletroquímica há mais de um século. A maior parte dos potencióstatos são utilizados para medir e controlar processos electroquímicos que possam estar a ocorrer numa solução. Também são importantes noutros domínios para além da investigação eletroquímica e aplicam-se a muitas indústrias.

Têm aplicações tanto na investigação fundamental como na aplicada, incluindo processos de eléctrodos, química analítica, investigação de baterias e estudos de corrosão. Têm também aplicações secundárias em síntese química e biologia. Um potencióstato é uma fonte de alimentação eléctrica que regula a tensão através de um circuito ativo ou passivo para manter um nível especificado. Mede a tensão em tempo real e ajusta a corrente do circuito até que a tensão real e a tensão desejada coincidam. Normalmente, em cenários de carga ou descarga de baterias, os sistemas electroquímicos limitam o controlo da tensão a uma parte específica da célula eletroquímica, em vez de a toda a célula. Normalmente, o objetivo é investigar a cinética da reação num único elétrodo, controlando com precisão a tensão da sua interface com a solução electrolítica. Isto deve ser feito em três eléctrodos que são o elétrodo de trabalho, o contra elétrodo e o elétrodo de referência.

O elétrodo de trabalho ou WE é o elétrodo onde ocorre a reação estudada e situa-se na interface do metal. Assumimos também o elétrodo de referência (ER) como ponto de referência. Para efeitos de controlo e medição, o elétrodo de referência serve como um ponto de referência estável. Conhecemos o seu potencial e mantemos o fluxo de corrente através dele próximo de zero. O calomelano ou o cloreto de prata/prata são escolhas comuns para o elétrodo de referência, ligado através de uma ponte salina para reduzir a resistência e isolar as soluções. O contra-elétrodo (CE) também é utilizado. Posicionamos o contra-elétrodo para facilitar o fluxo de corrente entre ele e o elétrodo de trabalho. Geralmente, não participa nas reacções electroquímicas, exceto em situações específicas. Normalmente feito de platina inerte, completa o circuito sem afetar o ambiente de corrosão. Os componentes adicionais da célula incluem um borbulhador de gás que regula a atmosfera e um espaçamento preciso entre eléctrodos, minimizando assim a queda de IV. O potencióstato mantém automaticamente o potencial definido entre os eléctrodos de trabalho e de referência, ajustando a corrente entre os eléctrodos de trabalho e de contagem.

Para obter curvas de polarização, medir primeiro o potencial de corrosão a uma corrente aplicada nula. O elétrodo de trabalho muda do seu potencial de equilíbrio para anódico ou catódico, alterando a corrente que flui através dele. A inversão da direção da corrente cria a segunda linha tracejada. A combinação destas varreduras produz a curva de polarização completa.

Para um metal em corrosão, o equivalente químico do metal dissolvido nos locais anódicos é igual ao equivalente químico dos produtos de redução produzidos nos locais catódicos. Para uma área específica da superfície metálica, a corrente de corrosão é a seguinte:

$$I_a = I_c \qquad \textbf{(Equação 8-1)}$$

A corrente total nas zonas anódica e catódica, respetivamente, é representada por i_a e i_c:

$$i_c = \frac{I_c}{A_c} \qquad \textbf{(Equação 8-2)}$$

$$i_a = \frac{I_a}{A_a} \qquad \textbf{(Equação 8-3)}$$

As densidades de corrente nos locais anódico e catódico, respetivamente, são representadas por i_a e i_c.

De acordo com **as Equações 8-2** e **8-3**, a densidade de corrente depende da fração de área superficial, que relaciona a corrente total com a geometria.

Diagrama de Tafel

Ao gerar um diagrama de Tafel, a polarização do elétrodo a uma densidade de corrente elevada é tal que a alteração de potencial é superior a 100 milivolts. A este valor, as reacções inversas tornam-se negligenciáveis e a superfície metálica pode atuar como ânodo ou como cátodo, dependendo da direção da corrente. I_{appl}. Consequentemente, durante a polarização anódica, i_a é aproximadamente igual a I_{appl}e durante a polarização catódica, i_c é aproximadamente igual a I_{appl}. Isto permite-nos determinar os declives de Tafel. Extrapolando da região de Tafel do ânodo para o potencial reversível do ânodo, $\varphi_A$podemos determinar a densidade da corrente de permuta, i_{a0}. É possível encontrar a densidade da corrente de permuta (i_{c0}) para a reação no cátodo, extrapolando da região de Tafel para o potencial reversível do cátodo (φ_C). Da mesma forma, podemos encontrar a taxa de corrosão

(i_{corr}) para o caso em que $A_c = A_a$ extrapolando da região de Tafel do ânodo ou do cátodo para a região do potencial de corrosão φ_{corr}onde $i_a = i_c$.

Apresentámos definições baseadas na célula eletroquímica e na curva de polarização, abordando especificamente a mais significativa destas definições.

1. O potencial de corrosão refere-se ao potencial do elétrodo corroído no ambiente da experiência.
2. O potencial do elétrodo é conhecido como o potencial de circuito aberto quando não há corrente a atravessá-lo.
3. Densidade de corrente crítica: a corrente máxima registada antes de a corrente cair durante a polarização anódica.
4. Após a passivação da amostra, o potencial final permanece constante.
5. Potencial de equilíbrio: o potencial do elétrodo quando a reação eletroquímica está em equilíbrio termodinâmico e as reacções de ida e volta são iguais.
6. A densidade de corrente é definida como o rácio entre a corrente total e a superfície externa da amostra.
7. Passiva: A redução da atividade ocorre quando a taxa de corrosão diminui em áreas onde a força eletromotriz causou a oxidação da superfície.
8. Polarização: a diferença entre o potencial do elétrodo nas condições de aplicação de corrente e um circuito aberto. Se um elétrodo no potencial E tem um potencial de circuito aberto de E_{corr} , então o seu valor de polarização é:

   $$\eta = E - E_{corr} \qquad \textbf{(Equação 8-4)}$$

9. Linha de Tafel: a polarização do potencial do elétrodo resulta frequentemente na formação de uma corrente. Podemos expressar a relação entre o potencial e a corrente nesta região da seguinte forma:

   $$E = a - b.\ln(i) \qquad \textbf{(Equação 8-5)}$$

A equação 8-5 contém o potencial do elétrodo (E), a densidade de corrente (i) e números constantes (a e b).

10. Diagrama de Tafel: a curva das variações de potencial em função do logaritmo da densidade de corrente aplicada para determinar as linhas de Tafel.
11. Área de Tafel e declive de Tafel: Referimo-nos à parte linear do diagrama de Tafel como a área de Tafel e ao seu declive como o declive de Tafel. O declive é expresso em unidades de mV/dec.

Pode continuar a traçar as linhas de Tafel anódicas e catódicas para determinar o potencial de corrosão, e a corrente corresponderá a este potencial. O potencial de passivação é definido como o ponto em que a corrente começa a diminuir. O potencial de flade existe no final da zona de queda.

Experiência 8-1

Objetivo:

Análise do comportamento de corrosão do aço 8-18 numa solução de ácido sulfúrico a 18% utilizando um teste de polarização.

Equipamento necessário:

1. Potencióstato
2. 8-18 aço
3. Solução de ácido sulfúrico a 18%

Instruções passo a passo:

1. Para permitir que o sistema atinja um estado estável, ligar o potencióstato durante 45 minutos antes de iniciar o ensaio.
2. Antes de iniciar a experiência de desarejamento, desoxigenar a solução de ensaio durante 45 minutos.
3. Ligar os eléctrodos de trabalho, de referência e de contador do potencióstato aos eléctrodos correspondentes da célula.
4. O potencial inicial deve ser igual ao potencial de circuito aberto.

5. Aplique uma varredura de potencial de 17 a 1 mV em relação ao potencial de circuito aberto e registe a curva de densidade de corrente vs. polarização de potencial. A superfície do aço está a sofrer reacções catódicas e anódicas com base nas seguintes reacções:

$$2H^{+} + 2e^{-} \rightarrow H_2$$

$$Fe \rightarrow Fe^{2+} + 2e^{-}$$

6. As películas de passivação que se formam em metais de transição como o ferro, o crómio e o níquel tornam a superfície anódica, reduzindo a taxa de corrosão.
7. A partir da curva de polarização de como a densidade de corrente muda com a tensão para o aço 8-18 em ácido sulfúrico a 18%, encontre os seguintes parâmetros:

a) Potencial de passivação (E_P)
b) Densidade da corrente de corrosão (i_{corr})
c) Potencial de corrosão (E_{corr})
d) Potencial do Flade (E_f)
e) O potencial, onde a densidade de corrente aumenta pela primeira vez após a passivação, indica o início da região transpassiva.

Referências

[1] M. Stern e A. L. Geary, "Electrochemical polarization: I. A theoretical analysis of the shape of polarization curves," Journal of the electrochemical society, vol. 104, no. 1, p. 56, 1957.

[2] A. J. Bard e L. R. Faulkner, "Electrochemical methods: fundamentals and applications," Surf. Technol, vol. 20, no. 1, pp. 91-92, 1983.

[3] C. G. Zoski, Handbook of electrochemistry. Elsevier, 2006.

[4] M. G. Fontana, Corrosion Engineering. New York: McGrow Hill Book Company, 1987.

[5] P. Taghizadegan et al., "Enhanced Electrochemical Performance and Cyclic Stability of Li-Ion Batteries by Employing Nanostructured Bi2Te3 Particles with Amorphous ZrO2 Nanocoating," ACS Appl Nano Mater, vol. 7, no. 14, pp. 16975-16986, 2024.

[6] A. Hickling, "Studies in electrode polarisation. Part IV.-The automatic control of the potential of a working electrode," Transactions of the Faraday society, vol. 38, pp. 27-33, 1942.

[7] M. Lohrengel, "Potentiostat," Encyclopedia of Applied Electrochemistry, pp. 1697-1702, 2014, doi: 10.1007/978-1-4419-6996-5_232.

[8] K. Elayaperumal e V. S. Raja, Corrosion failures: theory, case studies, and solutions. John Wiley & Sons, 2015.

[9] V. Cicek, Corrosion engineering. John Wiley & Sons, 2014.

Capítulo 9

"Condições activas e passivas no aço inoxidável"

Por: Mohammad Ghorbani, Sepehr Noori, Ruhollah Sharifi

Na experiência, a principal consideração é feita sobre a avaliação do potencial do elétrodo do aço inoxidável em estado ativo e passivo. Trata-se de analisar o papel do crómio na passivação do aço. Através desta experiência, tentaremos investigar a eficácia relativa do aço inoxidável e da sua camada protetora de óxido, o que deverá lançar alguma luz sobre a sua utilização na indústria.

9.1 Determinação do potencial do elétrodo de aço inoxidável em condições activas e passivas

As aplicações em que os revestimentos não conseguem evitar a corrosão de materiais mais baratos utilizam aços inoxidáveis. As indústrias química, alimentar, do papel e da pasta de papel, bem como as instalações de alta temperatura, são aplicações típicas. Esta classe de ligas deve as suas boas propriedades de corrosão a uma camada fina e resistente de produtos de reação que se forma nas superfícies expostas e reduz drasticamente a sua taxa de dissolução. Este processo é designado por passivação. A chamada "película passiva" tem normalmente apenas algumas camadas atómicas de espessura. As caraterísticas e a estabilidade dos depósitos metálicos estão também relacionadas com a quantidade presente no aço e no eletrólito.

Até à data, os métodos electroquímicos, incluindo as medições potenciodinâmicas ou de impedância, são as técnicas mais eficazes para investigar a cinética da dissolução e da passivação dos aços. A elipsometria permite a monitorização direta da espessura da película. Nos últimos dez anos, surgiram novos métodos sensíveis à superfície, como a espetroscopia eletrónica para análise química (ESCA) e a espetrometria Auger. Estes tornaram possível aprender mais sobre a estrutura química das camadas superficiais, para além de estudar as propriedades físicas da passivação. Os estudos ESCA e Auger mostraram que os produtos ricos em crómio desempenham um papel importante na composição das películas passivas dos aços inoxidáveis.

Experiência 9-1

Objetivo:

explorando o potencial dos eléctrodos de aço inoxidável nos estados ativo e passivo.

Equipamento necessário:

1. Duas peças de aço inoxidável contendo níquel-crómio têm dimensões aproximadas de 2,5 × 1,3 × 15,2 cm.
2. Uma peça de aço-carbono com dimensões aproximadas de 2,5 × 1,3 × 15,2 cm.
3. Uma peça de platina
4. Ácido sulfúrico concentrado
5. Ácido nítrico concentrado
6. São necessários o milivoltímetro DC (0-1000 mV) e os fios de ligação.
7. Cada conjunto inclui um copo de 100 ml e um copo de 250 ml.

Instruções passo a passo:

1. Verter aproximadamente 600 ml de água destilada num copo de 1000 ml, seguido da adição lenta e cuidadosa de 150 ml de ácido sulfúrico concentrado. Tenha cuidado durante este passo, uma vez que o processo gera calor significativo e requer precisão. Para evitar o contacto entre os dois metais, mergulhe separadamente na solução amostras de aço inoxidável e de aço-carbono, sem deixar arrefecer o ácido diluído. Note-se que o aço-carbono é ativo e liberta gás hidrogénio, enquanto o aço inoxidável é passivo e não liberta gás hidrogénio. Ligar as duas amostras de metal a um milivoltímetro e registar a tensão.
2. Sem retirar as amostras do ácido nem as desligar do voltímetro, ligar as amostras de aço inoxidável e de aço-carbono, permitindo que entrem em contacto enquanto estiverem na solução ácida. Observar a emissão de gás hidrogénio em torno do aço inoxidável e do aço-carbono. Ao separar as amostras, observar que a leitura da tensão é significativamente mais baixa do que quando as amostras não estavam em contacto. Isto indica que tanto o aço inoxidável como o aço-carbono foram activados nestas condições.

3. Substituir a amostra de aço-carbono por uma nova peça de aço inoxidável e observar que a nova peça de aço inoxidável permanece passiva e não emite gás hidrogénio, ao contrário da amostra anteriormente ativa. Ligar a nova amostra de aço inoxidável ao voltímetro e medir a tensão. Verificar que a tensão entre a amostra passiva e a amostra ativa é igual ao valor obtido em (1).
4. Depois de completar a parte (3), adicionar 150 ml de ácido nítrico concentrado à solução de ácido sulfúrico. Registar a queda de tensão entre as amostras de aço inoxidável passiva e ativa.

Nota: A ausência de hidrogénio gasoso à volta da amostra ativa indica que o ácido nítrico induziu a passivação.

9.2 Efeito de passivação do crómio e do níquel no aço

A passivação, ou seja, o desenvolvimento de uma camada de óxido na superfície do metal, controla em grande medida a corrosão. A proteção contra a corrosão dos materiais metálicos reside principalmente nas caraterísticas desta película de óxido, como a condutividade iónica, a dissolução do metal e a dissolução do material. Em geral, os metais inoxidáveis e outros tipos, incluindo Cr, Ni, Al, Mo e Ti, contêm uma fina camada passiva de óxido ou hidróxido quando expostos à água e ao ar. Sempre que a película de óxido se mantém estável, surge a estabilidade eletroquímica na superfície da liga e a baixa taxa de corrosão.

As ligas Fe-Cr com mais de 12% de crómio em meio neutro atingem uma passividade satisfatória. São necessárias outras adições de ligas para garantir a passividade a longo prazo em soluções ácidas ou básicas, bem como em soluções aquosas neutras contendo iões halogenetos. O níquel e o molibdénio são os elementos de liga mais eficazes neste contexto, mas o silício e o cobre também podem obter melhorias secundárias.

Experiência 9-2

Objetivo:

Investigação do efeito da passivação do crómio no aço.

Equipamento necessário:

1. Uma peça de aço-carbono com dimensões de 5 × 20 cm.
2. Uma peça de aço ao crómio tem um teor de crómio de 3%.
3. Uma peça de aço cromado tem um teor de 6% de crómio, outra tem um teor de 12% de crómio e uma terceira tem um teor de 18% de crómio e 8% de níquel.
4. Um copo de 600 ml contendo uma solução de sulfato de cobre a 10%

Instruções passo a passo:

1. Adicionar os materiais acima referidos à solução de sulfato de cobre e observar a acumulação de camadas de cobre no aço-carbono, bem como nas amostras de aço com 3% de crómio e 6% de crómio. Note-se que a deposição de cobre não ocorre no aço com 12% de crómio e no aço com 18% de crómio e 8% de níquel. Observe-se ainda que a taxa de deposição de cobre no aço com 6% de crómio é inferior à do aço-carbono com 3% de crómio.
2. Retirar a amostra com 12% de crómio da solução de sulfato de cobre e lavá-la. Bater suavemente na amostra com uma vareta de vidro. Note-se que a forte condição passiva induzida pela presença de 12% de crómio não é removida por ação mecânica, ao contrário do aço-carbono, que pode ser removido por choque mecânico.
3. Repetir o procedimento descrito na parte b) para a amostra de aço com 18% de crómio e 8% de níquel. semelhança do aço-carbono, uma simples ação mecânica pode eliminar a passividade da amostra.

Referências

[1] I. Olefjord, "The passive state of stainless steels," Mater. Sci. Eng., vol. 42, no. C, 1980, doi: 10.1016/0025-5416(80)90025-7.

[2] R. W. Stahle, J. Hochmann, R. D. McCright, J. E. Slater, e S. R. Shatynski, "Stress Corrosion Cracking and Hydrogen Embrittlement of Iron Base Alloys," J. Electrochem. Soc., vol. 126, no. 5, 1979, doi: 10.1149/1.2129122.

[3] R. D. Armstrong, M. Henderson e H. R. Thirsk, "The impedance of chromium in the active-passive transition", J. Electroanal. Chem., vol. 35, no. 1, 1972, doi: 10.1016/S0022-0728(72)80300-0.

[4] H. Luo, H. Su, B. Li e G. Ying, "Comportamento eletroquímico e passivo do aço inoxidável ferrítico com liga de estanho em ambiente de betão", Appl. Surf. Sci., vol. 439, pp. 232-239, maio de 2018, doi: 10.1016/J.APSUSC.2017.12.243.

[5] A. Fattah-Alhosseini e S. Vafaeian, "Comparação do comportamento eletroquímico entre o aço inoxidável ferrítico AISI 430 de grão grosso e de grão fino através da análise Mott-Schottky e medições EIS," J. Alloys Compd., vol. 639, 2015, doi: 10.1016/j.jallcom.2015.03.142.

[6] M. Sun, Y. Pang, C. Du, X. Li, e Y. Wu, "Otimização do Mo na resistência à corrosão do aço Cr-advanced Weathering concebido para a atmosfera marinha tropical," Constr. Build. Mater., vol. 302, 2021, doi: 10.1016 / j.conbuildmat.2021.124346.

[7] D. Chen, C. Dong, Y. Ma, Y. Ji, L. Gao e X. Li, "Revelando as regras internas do PREN a partir do aspeto eletrônico por cálculos de primeiros princípios", Corros. Sci., vol. 189, 2021, doi: 10.1016/j.corsci.2021.109561.

[8] Y. Ikeda e I. Tanaka, "Estrutura ω em aço: A first-principles study," J. Alloys Compd., vol. 684, 2016, doi: 10.1016/j.jallcom.2016.05.211.

Capítulo 10

"Revestimento cromado em aço e latão"

Anton Geuther foi o primeiro a realizar a cromagem num banho de ácido crómico. O ácido sulfúrico, que contém quantidades vestigiais de iões de sulfato, derivou estes ácidos do dicromato de potássio. Geuther conseguiu um revestimento coerente, brilhante, metálico e branco-acinzentado. Inicialmente, Geuther utilizou uma elevada densidade de corrente e soluções de arrefecimento, mesmo com gelo, na procura de uma maior eficiência. No entanto, nestas condições, o produto resultante era escuro e rugoso, o que o tornava inadequado devido aos desafios colocados pelas operações de acabamento de superfície. Em 1925, Haring desenvolveu com sucesso um revestimento de crómio contínuo, macio e transparente. O crómio tem aplicação como revestimento decorativo sobre revestimentos de níquel e como revestimento durável com elevada resistência ao desgaste e à eletricidade em substratos metálicos.

Em geral, classificamos os depósitos de crómio galvanizado em duas classes: uma decorativa e a outra funcional. Os depósitos decorativos, geralmente com espessura inferior a 0,80 µm, proporcionam uma superfície atractiva, especularmente reflectora, com boa resistência à corrosão, lubrificação e desgaste alongado. São quase sempre revestidos de níquel, embora, por vezes, sejam revestidos diretamente sobre a peça de trabalho.

Por outro lado, os ambientes industriais utilizam depósitos de "crómio duro" funcional, normalmente com uma espessura superior a 0,80 mm, em vez de os utilizarem para decoração. Normalmente, o substrato recebe uma galvanização direta de crómio funcional, por vezes sobre outros electrodepósitos, como o níquel. Estes revestimentos industriais exploram as propriedades do crómio, como a resistência ao calor, a dureza, a resistência ao desgaste, a resistência à corrosão, a resistência à erosão e o baixo coeficiente de atrito. Embora o desempenho seja a principal preocupação, muitos utilizadores preferem que os depósitos funcionais de crómio tenham um aspeto decorativo. Aplicações como ferramentas de corte e tiras de aço envolvem depósitos funcionais que são geralmente mais finos em comparação com os depósitos decorativos.

O processo convencional de deposição de crómio envolve electrólitos de galvanoplastia contendo iões de crómio hexavalente. A partir de 1975, foi desenvolvido um processo um pouco mais seguro, no qual os iões de crómio se encontram no estado trivalente. Este é menos tóxico e menos perigoso para a saúde do que a forma hexavalente. As placas electrolíticas de crómio trivalente podem ser brancas metálicas, semelhantes a estanho, semelhantes a aço inoxidável ou quase pretas, dependendo do processo. Os depósitos de crómio hexavalente e trivalente são geralmente totalmente permutáveis. No entanto, cada processo pode ter vantagens que lhe são próprias. As soluções de crómio hexavalente são muitas vezes mais baratas, mas o seu teor de fluoreto pode gravar substratos como o cobre e o aço, levando a problemas operacionais. Os processos de crómio trivalente dissolvem o cobre e o ferro sem conter fluoreto, mas permitem uma remoção mais fácil da contaminação metálica, o que facilita a produção de peças decorativas semelhantes ao níquel ou ao crómio, através da aplicação direta de crómio trivalente sobre ligas de cobre branco, uma tarefa difícil com soluções de crómio hexavalente.

Princípios de revestimento

A seguinte reação representa geralmente a deposição de metal utilizando um eletrólito:

$$M^{Z+} + ze^{-} \rightarrow M$$

Durante a galvanoplastia, a deposição galvânica de um metal baseia-se em reacções químicas. As reacções electroquímicas recebem (redução) ou doam (oxidação) electrões na interface confinada do elétrodo ou do eletrólito durante a eletrólise. Deve ser aplicada constantemente uma fonte de corrente do exterior para conduzir continuamente a reação numa direção. Existem reacções específicas que ocorrem simultaneamente no ânodo, no cátodo e no eletrólito. Para que uma tal solução seja um eletrólito, tem de conter os iões metálicos que podem ser precipitados. Uma vez que os iões metálicos têm carga positiva, serão sempre atraídos para o elétrodo que tem excesso de electrões - o pólo negativo, ou cátodo.

O pólo positivo, sem electrões, é designado por ânodo. Geralmente, o ciclo de revestimento padrão no processo de galvanoplastia é o seguinte:

1. No ânodo, um átomo perde um ou mais electrões e torna-se um ião positivo na solução de revestimento.
2. O ião positivo migra para o cátodo, onde os electrões se movem na sua direção e se acumulam.
3. Depois de se converter num átomo, o ião positivo aceita os electrões perdidos no cátodo e deposita-os como parte do metal.

Leis de Faraday

As leis de Faraday, que constituem a base da galvanoplastia de metais, estabelecem a relação entre a energia eléctrica e a quantidade de elementos deslocados nos eléctrodos.

a) A primeira lei diz que o material depositado num elétrodo é proporcional à eletricidade do eletrólito.
b) A segunda lei afirma que a quantidade de material precipitado utilizando electrólitos diferentes com a mesma quantidade de eletricidade é equivalente em massa.

Estas leis determinam que um grama equivalente de um elemento requer 96.500 coulombs de eletricidade (1 coulomb = 1 A sec^{-1}).

Banheiras cromadas

Numerosos estudos investigaram banhos de galvanoplastia, que consistem tipicamente em ácido crómico e aniões como sulfato, fluoreto e fluorossilicato, com o radical sulfato a servir de catalisador. Um exemplo de um banho de cromo tem a seguinte composição:

1. Ácido crómico (CrO_3) 250 g L^{-1}
2. Sulfato ($SO_4{}^{2-}$) 2.5 g L^{-1}

Este banho funciona idealmente entre 45 e 55 °C, com uma densidade média de corrente entre 10 e 20 A dm^{-2}resultando em velocidades de revestimento de 25 µm

hr^{-1}. Utilizam-se normalmente ânodos de chumbo ou de aço, sendo preferíveis os de chumbo.

A temperatura, a densidade da corrente e a composição e estado do metal de base influenciam o processo de galvanoplastia. Classificamos os revestimentos como queimados, gelados, brilhantes ou leitosos. Os revestimentos queimados funcionam bem quando não se pretende brilho e suavidade, enquanto os revestimentos brilhantes funcionam melhor para um acabamento de superfície espelhado sem polimento. Os revestimentos relativamente macios, finos e leitosos são geralmente inadequados para a maioria dos objectivos. É necessário um controlo ótimo de todas as condições para uma cobertura adequada.

A Figura 10-1 ilustra as condições óptimas de temperatura e densidade de corrente para obter revestimentos claros e brilhantes. A cromagem requer baixa potência e é um desafio para formas complexas, com as áreas dos cantos a receberem menos crómio e a tornarem-se leitosas devido ao fluxo reduzido.

A solução comercialmente utilizada para a deposição de crómio contém ácido crómico e radicais ácidos catalisadores. O ácido crómico por si só não é capaz de depositar crómio; alguns radicais ácidos adicionais, como sulfatos e fluoretos, funcionam como catalisadores, enquanto o silicofluoreto ($\mathrm{Si}F_6$) é um fluoreto complexo e o mais comummente utilizado. A adição de fluoreto a um banho catalisado por sulfato resulta num banho de catalisador misto, que aumenta a velocidade, mas apresenta desafios de controlo devido à reatividade e às complexidades analíticas, restringindo assim uma adoção comercial mais ampla. Os banhos de alta velocidade com redução de sulfato (SRHS) têm várias vantagens, incluindo uma maior eficiência de corrente, maior tolerância às interrupções de corrente, requisitos reduzidos de controlo químico, uma gama de revestimento mais ampla, depósitos mais brilhantes e ligeiramente mais duros e uma melhor ativação das superfícies passivas de níquel.

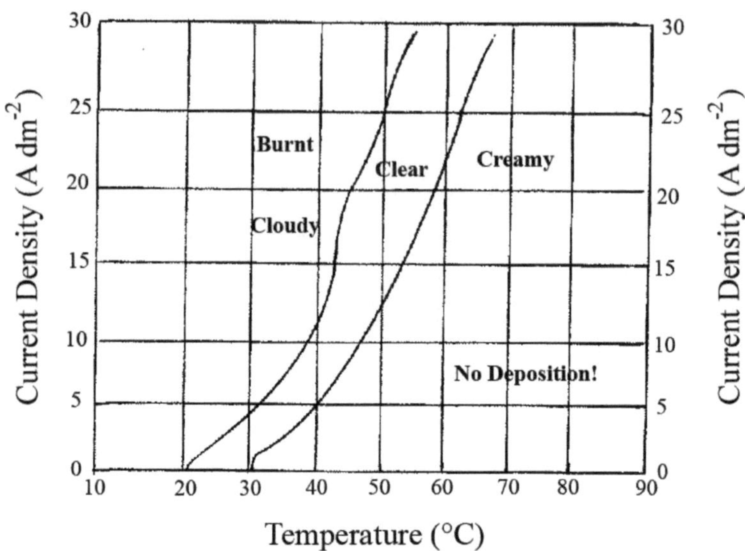

FIGURA 10-1. A gama de cromagem óptima para um banho de cromagem com CrO_3.

O aspeto crítico da galvanoplastia é o controlo cuidadoso da espessura porque, para além de um limite, as fissuras existentes aumentam. Este fenómeno ocorre pela transformação do hidreto de crómio em crómio e hidrogénio, em que se verifica uma contração de 15%. Nas fissuras que se formam em resultado desta contração, acumulam-se pedaços da película catódica, que depois se misturam com o revestimento galvanizado, protegendo efetivamente a fissura com uma camada brilhante. Esta camada transforma-se em Cr_2O_3 quando aquecida, e os exames efectuados verificaram o desaparecimento de partículas de óxido na peça. O teor em óxidos é determinante para as propriedades das peças.

À medida que a percentagem de oxigénio aumenta, a resistência à tração, a dureza e a resistência eléctrica aumentam, mas a densidade do revestimento diminui. A escala de dureza Knoop do revestimento de crómio varia entre 300 e 1000, ultrapassando a de qualquer outro metal revestido. Nomeadamente, os ajustes às condições do processo produzem variações significativas na dureza do revestimento. Uma densidade de corrente mais baixa e temperaturas mais elevadas produzem revestimentos mais macios. Além disso, o tamanho do grão aumenta a temperaturas de revestimento mais elevadas e durante o recozimento entre 900 e 1050 °C. No entanto, todos os revestimentos de crómio se tornam menos duros quando recozidos a altas temperaturas.

Os depósitos de crómio negro, caracterizados pela microporosidade, oferecem uma maior resistência à corrosão e a capacidade de reter películas de óleo e tinta, o que os torna valiosos em máquinas-ferramentas e eletrónica. Estas propriedades persistem através de vários processos, como a estampagem e a soldadura. Os primeiros métodos envolviam uma elevada densidade de corrente num banho frio com ácidos crómico e acético. As modificações incluem a interrupção da corrente e a utilização de ácido sem sulfato com catalisadores de flúor. As pessoas reconhecem geralmente o crómio negro como um depósito homogéneo de metal e compostos de crómio, apesar de alguma controvérsia. Existem propostas de banhos alternativos à base de crómio trivalente e de tetracromatos.

Para determinar a espessura ideal do crómio e a dureza do metal de base em cada aplicação, é necessária uma avaliação empírica baseada na experiência anterior. Para aplicações que requerem resistência à corrosão e ao desgaste, tais como secadores rotativos para produtos químicos corrosivos e máquinas para fábricas de papel, são frequentemente necessários depósitos de crómio relativamente espessos. Algumas aplicações aplicam subcamadas substanciais de níquel ou cobre para maior proteção. A cromagem dura tem-se revelado eficaz em metais de base com diferentes graus de dureza; no entanto, é geralmente preferível que o metal de base seja o mais duro possível. Por exemplo, as ferramentas de corte com ponta de carboneto de tungsténio produziram resultados satisfatórios de cromagem. Por outro lado, os fabricantes cromaram matrizes de liga de zinco para estampagem de automóveis para aumentar a sua longevidade. Os investigadores também desenvolveram a cromagem dura do alumínio, especificamente para aplicações como os pequenos cilindros de motores de combustão interna.

Experiência 10-1

Objetivo:

Investigação dos princípios e parâmetros envolvidos na cromagem do aço e do latão, incluindo a densidade da corrente, a temperatura, o tempo de revestimento e as variações da composição do eletrólito.

Equipamento necessário:

1. Um ânodo de chumbo ou de aço inoxidável
2. Amostras simples de latão e aço

Instruções passo a passo:

1. Utilizando ânodos de chumbo ou de aço inoxidável, aplicar revestimentos a amostras simples de latão e de aço dentro da gama de brilho representada na **Figura 10-1** a uma temperatura de 45 °C.
2. Investigar o impacto das variações da densidade da corrente no brilho do revestimento, revestindo uma amostra padrão numa célula de Hull de 1000 ml.
3. Examine diferentes áreas com diferentes densidades de corrente. Pode utilizar a seguinte equação para calcular a densidade de corrente em qualquer ponto a uma distância L da área com uma densidade de corrente elevada:

$$\mathrm{C.D} = \mathrm{I.}\,(18.8 - 28.3 \times \mathrm{Log(L)}) \qquad \textbf{(Equação 10-1)}$$

4. Manter uma densidade de corrente e uma temperatura constantes (12 A dm^{-2}, 45 °C). Em seguida, variar o tempo de revestimento e avaliar a sua influência na cor e espessura do revestimento para amostras de aço.
5. Modificar o ficheiro SO_4^{-2}/CrO_3 e observar o papel catalítico de SO_4^{-2}.

Referências

[1] A. Geuther, "Electrolysis of Chromic Acid", Liebig. Ann, vol. 99, p. 314, 1856.

[2] H. E. Haring, "Principles and operating conditions of chromium plating", Chem. Met. Eng, vol. 32, pp. 692-756, 1925.

[3] M. Schlesinger e M. Paunovic, Modern electroplating. John Wiley & Sons, 2011.

[4] D. L. Snyder, "Noções básicas de cromagem decorativa", Met. Finish., vol. 2, n.º 110, pp. 14-21, 2012.

[5] R. W. Revie, Corrosion and corrosion control: an introduction to corrosion science and engineering. John Wiley & Sons, 2008.

[6] R. F. Bunshah, Handbook of deposition technologies for films and coatings: science, applications and technology. William Andrew, 1994.

[7] H. E. Haring e W. P. Barrows, Electrodeposition of chromium from chromic acid baths, no. 346. Departamento de Comércio dos EUA, Gabinete de Normas, 1927.

[8] H. L. Farber e W. Blum, "Throwing power in chromium plating", Bur. Stand. J. Res, vol. 4, p. 27, 1930.

[9] G. Dubpernell, "Chromium plating", Trans. Electrochem. Soc., vol. 80, no. 1, p. 589, 1941.

Capítulo 11

"Teste de névoa salina"

Por: Mohammad Ghorbani, Mahsa Saberyan, Ruhollah Sharifi

O ensaio de projeção salina, também conhecido como ensaio de nevoeiro salino, é um dos métodos mais populares de realização de ensaios de corrosão. Calcula métodos de perda de peso para avaliar a resistência à corrosão de um material e do seu revestimento de superfície, especialmente daqueles destinados à proteção contra a corrosão, através do cálculo de métodos de perda de peso.

O objetivo e a aplicação dos ensaios de pulverização de sal envolvem a exposição de amostras de ensaio a cloreto de sódio através de um processo controlado de pulverização atomizada de sal. Uma câmara de pulverização de sal pulveriza uniformemente as amostras com uma pulverização corrosiva de gotículas finas de cloreto de sódio. Este ensaio desempenha um papel vital na determinação da aceitabilidade relativamente a revestimentos, tintas e metais quando expostos ao ambiente marinho e ao efeito causado pela corrosão. Trata-se de um ensaio acelerado de corrosão, concebido para simular a ação corrosiva do ar ou do nevoeiro carregado de sal. Os materiais testados podem variar de metais a pedras, cerâmicas e polímeros. É um teste comum em auditorias de qualidade para comparar a resistência real à corrosão dos materiais com o seu desempenho esperado. Dispositivos como o aparelho Erichsen Salt Spray e as câmaras de aerossóis estão entre os equipamentos comercialmente disponíveis utilizados para efetuar estas experiências.

O método de ensaio consiste na exposição de amostras, normalmente numa câmara controlada, a uma névoa ou pulverização salina. Monitorizamos o ataque da corrosão nas amostras revestidas durante um tempo fixo global, prestando muita atenção ao aparecimento de produtos de corrosão, como ferrugem ou outros óxidos. O resultado deste teste dependerá de vários factores-chave, incluindo níveis de pH, duração da exposição, pressão do ar e humidade.

A primeira norma de pulverização de sal reconhecida internacionalmente foi a ASTM B117, publicada em 1939. Outras normas relevantes são a ISO 9227, a JIS Z 2371 e a ASTM G85. Os testes de névoa salina são efectuados de várias formas, tais como NSS (névoa salina neutra), AASS (névoa salina de ácido acético) e CASS (névoa salina de ácido acético acelerada por cobre). O NSS, desenvolvido na década de 1930, é o teste de projeção salina fundamental com um valor de pH neutro que varia entre 6,5 e 7,2, adequado para avaliar metais, ligas, revestimentos metálicos e orgânicos e revestimentos de óxido anódico. O AASS, uma variação do NSS, incorpora ácido acético glacial, resultando num intervalo de pH mais ácido de 3,1 a 3,3. É utilizado para testar revestimentos decorativos e revestimentos com películas de passivação. A adição de cloreto de cobre ao AASS altera-o ainda mais, mantendo o mesmo intervalo de pH. O CASS é ótimo para testar revestimentos decorativos, películas de passivação e revestimentos anódicos em alumínio.

O tempo de ensaio varia entre 16 e 96 horas, dependendo do desempenho de corrosão do revestimento a ensaiar. Os revestimentos mais resistentes à corrosão necessitam geralmente de tempos de ensaio mais longos. O método de ensaio de projeção salina não é capaz de prever o tempo real de corrosão em serviço, mas fornece informações comparativas úteis. Por exemplo, as peças pré-tratadas e pintadas têm de passar 96 horas de pulverização de sal neutro para serem qualificadas para entrar em produção.

Experiência 11-1

Objetivo:

O objetivo principal é determinar a resistência à corrosão de amostras galvanizadas, submetendo-as a um aerossol de cloreto de sódio em condições específicas.

Equipamento necessário:

1. Dispositivo de pulverização de sal
2. Cloreto de sódio (NaCl)
3. Acetona

Instruções passo a passo:

1. Preparar a solução salina, uma mistura de solução de NaCl a 5%, e encher o reservatório do dispositivo de teste.
2. Regular a temperatura da câmara para 35 °C e a temperatura do ar do reservatório para 47 °C. Tentar manter a pressão do ar entre 10 e 24 psi.

3. Limpar as amostras galvanizadas com acetona ou um solvente adequado.
4. Na câmara de pulverização de sal, pendurar as amostras na vertical.
5. Ligar o aparelho durante cerca de uma hora antes de colocar as amostras.
6. Expor as amostras durante um período de tempo, dependendo do material e do tipo de revestimento.
7. De 24 em 24 horas, verificar as amostras e registar qualquer ocorrência de ferrugem branca ou vermelha nas superfícies.

Referências

[1] R. Krishnan, S. Manivannan, P. B. Patel, P. P. Patil, R. Venkatesh, e S. Thanappan, "Studies on Corrosion Behavior of Mg-Al-Zn-RE Cast Alloy with Powder-Coated Al and CED Mg by Salt Spray Test, Immersion Test, and Electrochemical Test," Int. J. Chem. Eng., vol. 2022, no. 1, p. 1891419, 2022.

[2] P. S. Babu et al., "Salt spray (fog) corrosion behavior of cold-sprayed aluminum amorphous/nanocrystalline alloy coating," J. Therm. Spray Technol, pp. 1-11, 2022.

[3] C. Oluwole Folorunso e M. Hamdan Ahmad, "Performance and resistance of paint used as exterior finish in salt laden environment," Struct. Surv., vol. 31, no. 3, pp. 214-224, 2013.

[4] R. Baboian, Corrosion tests and standards: application and interpretation, vol. 20. ASTM international, 2005.

[5] J. Chen et al., "Experimental Study on Neutral Salt Spray Accelerated Corrosion of Metal Protective Coatings for Power-Transmission and Transformation Equipment," Coatings, vol. 13, no. 3, p. 480, 2023.

[6] G. Committee, "Practice for operating salt spray (fog) apparatus. ASTM International." 2019.

Printed by Books on Demand GmbH, Norderstedt / Germany